国家自然科学基金项目成果

# 区域地磁变化场分析与建模关键技术研究

牛　超　李夕海　魏一苇　刘代志　著

西安电子科技大学出版社

# 内 容 简 介

本书以地球变化磁场物理机理分析为基础,以构建高精度区域地球变化磁场模型为目的,对地球变化磁场复杂度特性、单站预测模型、区域尺度特性、区域重构与综合预测模型等关键问题进行了深入研究。

本书中进行的研究得到了国家自然科学基金以及中国博士后科学基金的支持。

本书可供从事地磁辅助导航、地球物理信号处理等方向研究的科研人员、高等院校的教师和相关专业的研究生、高年级大学生使用和参考。

**图书在版编目(CIP)数据**

区域地磁变化场分析与建模关键技术研究 / 牛超等著. —西安:西安电子科技大学出版社,2021.3
ISBN 978‑7‑5606‑5926‑8

Ⅰ. ①区… Ⅱ. ①牛… Ⅲ. ①地磁场—地磁变化—研究 Ⅳ. ①P318.1

中国版本图书馆 CIP 数据核字(2020)第 216553 号

策划编辑　明政珠
责任编辑　张玮
出版发行　西安电子科技大学出版社(西安市太白南路 2 号)
电　　话　(029)88242885　88201467　　邮　　编　710071
网　　址　www.xduph.com　　　　电子邮箱　xdupfxb001@163.com
经　　销　新华书店
印刷单位　西安日报社印务中心
版　　次　2021 年 3 月第 1 版　　2021 年 3 月第 1 次印刷
开　　本　787 毫米×960 毫米　1/16　印　张　9.5
字　　数　136 千字
印　　数　1～800 册
定　　价　39.00 元
ISBN 978‑7‑5606‑5926‑8 / P
**XDUP 6228001‑1**
***如有印装问题可调换***

# 前　言

地球变化磁场是地磁学和空间物理学等研究的重要内容，在应用地磁学研究的许多领域都需要考虑变化磁场，如地球空间天气的监测和预报、地磁活动指数的计算、地磁测量数据的日变校正、地震预报的震磁效应分析、地磁导航与地磁寻的技术等。随着应用研究的深入，对地球变化磁场的物理机理分析与精确建模成了一项重要研究课题，在地磁导航中，需要高精度、高时空分辨率的地球变化磁场模型，用于消去磁场变化的影响，另外，地球变化磁场也是地球空间物理环境的重要组成部分。因此，研究变化磁场模型在理论和实践上都具有重要意义。

本书以地球变化磁场物理机理分析为基础，以构建高精度区域地球变化磁场模型为目的，对地球变化磁场的复杂度、单站预测模型、区域尺度特性、区域重构与综合预测模型等关键问题进行了研究。本书共8章，各章节内容如下：

第1章为绪论，主要介绍研究背景与意义、区域地球变化磁场分析与建模技术研究现状以及主要研究思路等。

第2章为地磁学基础及数据整理，简要介绍了地磁场的起源、组成以及地磁要素等地磁学基础知识，还介绍了收集整理的国家地磁台网中心和中国地震局提供的地磁台阵等密度较高的地磁台网观测资料。

第3章为基于复杂度理论的地球变化磁场时间序列分析。地球变化磁场从物理起源上可以看作是一种复杂系统，从这一角度我们提出运用样本熵、多尺度熵及滑动窗样本熵对不同磁扰程度下的地球变化磁场时间序列进行复杂度分析。

第4章为地球变化磁场的单站预测模型。单站地球变化磁场模型是构建区域地球变化磁场模型的基础。通过对地球变化磁场复杂度特性分析发现，地球变化磁场时间序列具有一定的复杂性，且非线性、非平稳性显著，难以用完备的理论模型进行精确建模及预测。基于此，我们提出了一种基于 MEEMD-样本熵-回声状态网络的组合预测模型，以降低地球变化磁场数据非线性和非平稳性对预测结果的影响。

第 5 章为地球变化磁场的区域尺度特性分析。地磁场日变化的幅值在一定的时空范围内会有几纳特至几十纳特的变化，相位亦有不同程度的变化。在以往的研究中，由于区域尺度范围的测站数量较少、空间分布稀疏、持续观测时间较短，且所用地磁分量也较单一，故得出的区域地球变化磁场尺度特性相关结论的适用性不强。基于此，我们设计了地球变化磁场区域尺度观测实验，并基于国家地磁台网中心和中国地震局提供的地磁台阵数据，以较充足的实际观测数据对中纬度地区（$20°N \sim 50°N$）$F$、$H$、$Z$ 分量地磁日变的区域尺度特性（包括距离不大于 200 km 的局地尺度）进行了研究。

第 6 章为区域地球变化磁场的克里格重构模型。区域地球变化磁场重构是实现区域地球变化磁场现报/预报的关键问题。基于区域地球变化磁场的时空分布特征，我们提出了一种基于改进 Kriging（克里格）法的区域地球变化磁场重构模型，模型可以三维的形式（纬度、经度、时间）展示地球变化磁场的时空变化，并将该重构模型应用于区域地球变化磁场 $Z$ 分量的综合预测模型中。

第 7 章为基于区域重构的地球变化磁场综合预测模型。地球变化磁场传统的空间电流体系模型研究周期长、难度大、精度低，难以满足军事应用的需求。基于此，在对地球变化磁场单站模型、区域尺度特性分析及重构模型研究的基础上，提出了一种基于区域重构的地球变化磁场综合预测模型，将时域上的单站地球变化磁场 $Z$ 分量预测和空间域上的区域地球变化磁场重构相结合，在 $101.0°E \sim 111°E$ 和 $30°N \sim 40°N$ 区域内，建立了一个纵约 10 个纬度横约 10 个经度的区域地球变化磁场综合预测模型，模型分辨率为经差 0.5°、纬差 0.5°、时差 10 min，并进行了精度评估。

本书所取得的成果可应用于地磁学研究的许多领域，如地磁测量数据的日变校正、地磁辅助导航中日变化消除、空间天气的监测和预测等。鉴于学术水平有限，书中疏漏之处在所难免，敬请读者批评指正。

本书的出版由国家自然科学基金项目（No.41374154）、中国博士后科学基金项目（2019M663989）和火箭军工程大学青年基金项目资助。

著　者

2020 年 12 月

# 目　　录

# 第1章

# 绪 论

## 1.1 研究背景与意义

在应用地磁学研究的许多领域都需要考虑地球变化磁场,例如空间天气的监测和预测[1]、地磁测量数据的日变校正[2]、地震预报的地磁方法[3]、地磁活动指数的计算[4]、地磁导航与地磁寻的技术[5]等。在地磁辅助导航中,需要高精度、高时空分辨率的地球变化磁场模型,用以消去变化磁场的影响。因此,我们团队很早就对此问题进行了研究,完成了数篇博士及硕士学位论文,并申请了3项国家自然科学基金项目,分别是"辅助导航地球变化磁场区域模型研究(No.40974037)""中纬度局地电离层 TEC 与地球变化磁场时空相关性分析与建模研究(No.41374154)""中低纬电离层闪烁与地磁场相关性分析及闪烁形态预测研究(No.41774156)"。此外,地球变化磁场也是地球物理空间环境的重要组成部分,研究变化磁场模型在理论和实践中都有极为重要的意义[6-7]。

受空间电流体系的影响,在地球稳定磁场上始终叠加了一部分"变化磁场"。变化磁场按类型可分为平静变化磁场和扰动变化磁场两大类。平静变化磁场比较规则,主要包括太阳静日变化 $S_q$ 和太阴日变化 $L$;扰动变化磁场不是很规则,包括磁暴、亚暴、湾扰、钩扰等。变化磁场虽然只占地球总磁场的1%左右,但是对地磁导航的影响却是巨大的[8]。一般来说,地磁场的日变幅高达几十纳特(nT)[9]。王仕成等[10]指出,采用世界地磁模型 WMM2005 制作的局部海域(23°N~25°N,118°E~120°E)地磁匹配基准图,$H$ 分量变化率仅约为5 nT/km。因此,从地磁导航的角度来说,地磁场模型除了必须具备针对稳定磁场而言的高空间分辨率外,还必须同时具备针对变化磁场而言的高时空分辨率。目前国际上最新的第四代地磁场综合模型,其时间分辨率为 6 h[11],显然无法满足地磁导航的需求。

基于变化磁场的物理起源，其建模的传统方法是：首先通过有限的观测数据加上必要的理论约束以及物理方程建立空间电流体系模型，再基于空间电流体系模型得到地球变化磁场。空间电流体系模型在描述大尺度变化磁场的分布及特性方面有着重要作用，但由于观测资料的限制以及物理过程本身的复杂性，这些模型研究周期长、难度大，且目前仍对国外的观测数据和模型有较多依赖性，因而无法达到地磁导航的精度要求。而且，从军事应用的角度来说，我们需要的往往不是大尺度的全球模型，而是高精度的区域地球变化磁场模型。因此，依据地磁台站的观测数据，以地球变化磁场起源的物理过程为基础，从复杂系统的角度研究其特性，更好地认识其物理机理、特性及发展演化规律，在此基础上，利用智能信息处理方法辅以地质统计学理论建立的区域地球变化磁场综合经验模型，更加贴近实际工程需求。

## 1.2　区域地球变化磁场分析与建模技术研究现状

### 1.2.1　基于复杂度理论的地球变化磁场时间序列分析

地球变化磁场起源于磁层和电离层电流体系，包含多种成分。近几年的观测和研究结果表明，变化磁场是一个很复杂的、不断有能量输入和输出的、开放系统中的非线性动力学过程，与太阳、行星际空间、磁层、电离层乃至中低层大气中发生的一系列现象有密切关系[1]，包括太阳耀斑爆发、日冕物质抛射、磁层大尺度对流、电离层骚扰、大气潮汐运动等，这些现象的相互作用形成了地球变化磁场复杂的非线性、非平稳性特征以及复杂的时间演化和空间结构。这些特征都是复杂系统所具有的基本特征[12]，所以，地球变化磁场可以看作是复杂系统，可以用复杂系统理论对其进行分析。

Pincus 提出了一种度量时间序列复杂性的方法——近似熵[13]。Richman 指出这种方法在计算时会出现自身匹配现象，从而影响精度，他提出了改进的计算方法——样本熵[14]。与近似熵相比，样本熵精度更高，且只需较少数据便可得到稳定数值，较适合于工程应用。但是，近似熵和样本熵只反映时间序列在单一尺度上的复杂度。Costa 等在样本熵的基础上，提出了多尺度熵[15]，用来反映不同尺度因子下时间序列的自相似性和复杂度。近年来，研究人员在地球物理科学[16-18]、医学[19-21]、生物生理学[22-23]、故障诊断[24-25]以及其他领域[26-27]对复杂系统和复杂度进行了大量的研究。

地球变化磁场时间序列包含着长期趋势变化、季节性变化、各种周期变化以及一些不规则扰动变化等。目前关于地球变化磁场演变周期性、混沌和分形特性方面的研究较多[28-34]，而从复杂系统层面上对地球变化磁场时间序列的研究相对较少，主要有：齐玮等[35]从信息科学的角度研究了地磁场 $K$ 变化的信息熵，从定量的角度给出了对 $K$ 指数缺陷本质的认识，其研究对象为地磁活动指数；Santis 等[36]应用信息论中的信息熵及 Kolmogorov 熵研究了地磁场 7000年来的变化；Nicolas 等[37]基于最大熵谱理论分析了地磁场的长期变化，指出最大熵谱可以很好地表征地磁场长期变化的特征，并能找出一些反映地磁活动本身随时间变化的周期成分；杨建平等[38]基于南极中山站地磁台 2005 年的地磁观测数据，运用小波熵复杂度进行分析，结果表明，小波熵序列能够表征地磁场变化程度及变化范围，但同时也指出该研究没有结合地磁场变化的实际内容做具体研究，且所用数据仅取自一个地磁台站；谢周敏[39]结合信息熵和小波多尺度理论，提出了一种局部多尺度熵方法，但仅提出了理论方法，并没有给出实际地球物理信号的具体应用。

## 1.2.2 地磁场日变化的区域尺度特性分析

目前关于区域尺度的地磁场日变化研究主要有：祁贵仲[40]首先介绍并实现了舒斯特(Schuster)以及查普曼(Chapman)的全球性日变分析的方法，并指出其应用于局部地区并不理想，然后提出了利用"逐次近似法"分析日变经度效应的新方法，并用于对中国局部地区 1959 年 $S_q$ 场进行分析，结果表明，"逐次近似法"对于局部地区日变分析是适宜的。但祁贵仲亦指出，分析结果仅仅是初步的，其所反映的局部尺度特点及其地球物理意义还需要进一步讨论。单汝俭等[41]基于局部地区 4 个测站的观测数据，提出了几种局部地区地磁日变的拟合方法，亦认为在日变测站设立极为有限的条件下，两个测站加一个固定改正项的线性内插方法以及单台站控制加多个固定改正项的方法具有更大的可行性。郭建华等[42]研究了多台站地磁日变站的观测方法和校正方法，并在"青藏高原中西部航磁概查"生产中进行了实际应用。文献[43]～[45]均认为一定空间范围内地磁日变化的时空差异主要取决于纬度效应。姚俊杰[46-47]提出基于相关系数法求地磁日变观测站间的测量时差，并通过实例分析验证了该方法的正确性，同时对传统时差改正方法的合理性提出了质疑。徐行等[48]基于3个海洋日变观测站的地磁数据，研究了不同距离的日变观测数据对远海区磁测改正精度的影响程度。边刚等[49]指出在海洋磁力测量中，单个日变站较难对范围较大的测区进行一定精度的日变校正，基于此，探讨了适合海洋磁力测量特点的多站日变改正值计算方法。卞光浪等[50]认为，确定地磁日变站的有效控制范围是布设地磁日变站的前提条件，并基于地磁日变化的时空分布特点，推导了地磁日变站有效控制范围的计算公式。王磊等[51]基于站间同步地磁日变曲线的特征，采用同步比对法和相关分析法计算两站的时差，结果表明，当测区范围较小时，时差对地磁日变改正的影响很小。顾春雷等[52]研究了一种基于虚拟日变台进行地磁矢量数据日变通化方法，实例计算结果表明，该方法可有效提高日变通化精度，对地磁台站稀疏地区更具实际应用价值。而DZ/T 0071—93《地面高精度磁测技术规程》(中华人民共和国地质矿产行业标准)[53]规定，应按地电结构的差异分区设立日变观测站，每个日变站可控制的磁测范围需经实验确定。

## 1.2.3　地球变化磁场的单站模型研究

张秀霞等[54]对地磁静日变化的一些预测方法进行了归纳整理；Bellanger等[55]基于分均值、时均值、日均值数据对地球变化磁场时间序列的可预测性进行了评估分析；Gleisner等[56]从日地空间系统的角度讨论了地磁活动状态的短期及中期(1～3天)预报；Wei和Stepanova等[57-58]分别基于多尺度径向基网络以及反馈神经网络对地磁场$D_{st}$指数进行了预测；易世华等[59]以辅助导航需求为背景，从地球变化磁场的综合模型、空间电流体系模型、单台建模及区域建模等方面，对变化磁场建模预测研究的现状做了综述，并指出了进一步研究的思路；齐玮等[60]基于地磁导航的实际需求，研究了地磁场平静变化建模，并对地磁匹配最优分量进行了初步研究。由于地球变化磁场时间序列具有显著的非线性和非平稳性,近年来,一些适用于非线性和非平稳性的方法理论,比如经验模态分解、神经网络、支持向量机、Volterra 级数模型等被应用于地球变化磁场的短时预测中。Li[61]等提出了基于经验模态分解(Empirical Mode Decomposition,EMD)和径向基神经网络的地球变化磁场时间序列预测;牛超等[62-63]选用最小二乘支持向量机模型和Volterra 级数自适应模型对单台站地球变化磁场进行了一步预测和多步迭代预测;易世华等[64-65]在多个时间尺度上对变化磁场进行了分析,以变化地磁场地面观测数据、地方时、太阳射电流量和行星际磁场南向分量等为输入,建立了地球变化磁场的支持向量机综合预测模型。

电离层总电子含量(Total Electron Content,TEC)和电离层 F2 层临界频率 $f_0$(F2)是描述电离层形态和结构的两个重要参量,文献[66]~[72]研究了电离层 TEC 在磁暴时以及磁静日期间的演化特点,指出电离层 TEC 与起源于磁层—电离层电流体系的地球变化磁场关系较为密切,且均为随时间和空间变化的参量。因此,对于地球变化磁场的建模研究可借鉴电离层参量的相关研究成果。目前国内外许多文献对描述电离层参量的单站模型研究主要有:Ezquer 等[73]利用简单的线性模型对 Havana 地区的 TEC 进行了预测;文献[74]~[77]基于智能信息处理中的神经网络对电离层 TEC 进行了建模预测;Stankov 等[78]采用时间序列模型对电离层 TEC 预报进行了研究,取得了一定的研究成果;陈必焰等[79]采用层析反演与神经网络方法对香港地区某天的 TEC 数据进行了拟合和预报;汤俊等[80]针对 TEC 非线性、非平稳性,采用经验模态分解对电离层 TEC 预报模型进行了改进;陈鹏等[81]基于 IGS(国际 GNSS 服务)发布的 TEC 数据样本,利用时间序列分析方法进行了预报。

## 1.2.4 地球变化磁场的区域模型研究

Watermann 等[82-83]基于格陵兰岛西海岸布设的间距为 190 km 的地磁台站,对该区域的地球变化磁场数据的时空变化特性进行了研究,对于提高航磁调查精度有一定的意义;Lepidi 等[84]对位于地球极点附近的地磁台站 2006 年(低地磁活动年)的观测数据进行了统计分析,研究了该区域范围的地磁日变特性;Sutcliffe[85]基于前馈型神经网络对南非地区的地磁场(包括稳定磁场和变化场)

进行了综合建模，模型参数包括地方时、日期、纬度、太阳黑子数以及地磁 $A_k$ 指数；齐玮[86]基于 29.6°N～40.0°N、91.0°E～121.2°E 区域内 8 个地磁台站 $Z$ 分量的时均值数据，建立了区域性地磁场神经网络模型，模型的时间分辨率为 1h，标准误差为 3.3nT；易世华[87]研究了多台站地球变化磁场时空区域模型，提出了基于单站时域预测结合多站空域加权平均的地球变化磁场时空区域建模预测方法，实现了地球变化磁场的时空区域建模预测，但精度有待提高；袁杨辉[88]分析了地磁短时变化场对地磁辅助导航的影响，提出了基于傅立叶谱分析的地磁日变模型，但其研究对象为单站磁场，并没有对区域地球变化磁场模型进行相关研究；邓翠婷[89]分析了地磁日变时空分布特征，在此基础上讨论了地磁匹配中的地磁日变效应与修正，总的来说，其研究是比较初步的。

区域地球变化磁场模型可借鉴电离层参数区域模型的相关研究，主要有：Pietrella 等[90-91]提出了一种适用于地磁及电离层扰动情况下的短时区域 $f_0$(F2) 经验预报模型，并采用欧洲地区实测数据验证了该模型的有效性；Wang 等[92] 利用基于遗传算法改进的神经网络法对中国区域电离层模型的 $f_0$(F2) 层进行了预测研究；Maruyama[93]使用日本全境 1000 多个 GPS 接收台站于 1997 年 4 月至 2007 年 6 月观测的 TEC 数据，基于神经网络技术建立了一种区域 TEC 参考模型；Wielgosz 等[94]基于 Kriging 法和多元二次方程对区域电离层地图重构进行了相关研究；袁运斌等[95]基于站际分区法构建了中国地区网格电离层延迟改正模型；夏淳亮等[96]采用最小二乘准则和稀疏矩阵等方法，获取了具有较高时空分辨率的三维电离层 TEC 分布与变化；毛田等[97]提出了中国中北部及周边(30°N～55°N，70°E～140°E 范围内)区域电离层 TEC 的 Kriging 算法；刘瑞源等[98]提出了一种适合于中国地区电离层 $f_0$(F2)的重构方法，并讨论了其在短期预报中的应用；王建平[99]基于优选的中国及周边地区 28 个 GPS 接收台站 2004 年的实测数据，对区域电离层 TEC 短期预报方法进行了相关研究；柳景斌等[100]利用球冠谐分析方法建立了中国区域电离层 TEC 的球冠谐分析模型，并进行了精度评估；刘志平等[101]利用地质统计理论提出了 TEC 单天产品发布的改进策略和时空分区建模方法，基于 10°N～70°N，60°E～180°E 范围内的数据进行建模和分析，结果表明，分区建模大大降低了模型复杂度。

## 1.3 主要研究思路

由 1.1 节可知,基于地磁辅助导航,我们需要的是高精度高时空分辨率的地球变化磁场模型,用以消去磁场变化的影响。现有的变化磁场模型存在一些局限性,它通常是基于地磁观测数据,利用数学方法(如球谐分析)等拟合得到,或者基于物理机理,得到等效电流体系模型,但由于观测数据的局限性及物理变化过程的复杂性,模型精度很难达到要求。所以,我们考虑采用现代智能信号处理方法辅以地质统计学理论,结合变化磁场的物理机理和时空变化特性,构建一定时空区域的高精度综合经验模型。

在此思路引导下,本书首先从地球变化磁场物理机理出发,基于复杂度理论对地球变化磁场时间序列进行了特性分析,其次进行单站地球变化磁场的建模预测,提出了一种基于改进的集成经验模态分解(MEEMD)—样本熵和回声状态网络的组合预测模型,该模型降低了地球变化磁场时间序列复杂性对预测结果的影响,且预测效果明显优于比对模型。对于区域地球变化磁场,首先研究了其区域尺度特性;然后基于其时空分布特性,提出了一种基于改进 Kriging法的地球变化磁场重构模型;最后,在单站和区域地球变化磁场分析和建模的基础上,提出了一种基于区域重构的地球变化磁场综合预测模型。

# 第2章

# 地磁学基础及数据整理

## 2.1 地磁学基础

地球具有磁场，称为地磁场[1,102-104]。地磁场是由地球内部的磁性岩石以及分布在地球内部和外部的电流体系所产生的各种变化磁场成分叠加而成的，分为内源场和外源场。内源场起源于地表以下的磁性物质和电流，可进一步分为地核场、地壳场和感应场三部分。外源场起源于地表以上的空间电流体系，主要分布在电离层和磁层中。由于这些电流体系随时间变化较快，所以，通常将外源场叫作变化磁场或瞬变磁场。根据电流体系及其磁场的时间变化特点，一般可以把变化磁场分为平静变化磁场和扰动变化磁场。平静变化主要有太阳静日变化 $S_q$ 和太阴日变化 $L$，由于 $L$ 的变化幅度很小，故太阳静日变化是最主要的平静变化。

地球空间电磁环境是在太阳风和行星际磁场与地球大气和地磁场相互作用下形成的一种特定的地球物理环境，是由中高层大气、电离层、磁层和行星际空间直到太阳表面等几个互相耦合的部分组成的复杂动力学系统，太阳是这一系统主要的能量和扰动来源，也是地球变化磁场的根本来源。图2.1为日地空间环境示意图。

日地物理学研究表明，太阳能量以电磁辐射和微粒辐射两种形式不断地向行星际空间发射，影响着磁层-电离层近地空间的状态和动力学过程，也影响着近地的气象活动和生物圈，而变化磁场就是其中的一个有机组成部分。太阳活动可引起日地空间物理环境及电离层的变化，由此产生磁扰。电离层的变化对短波无线电通信等可以产生严重影响。日地空间物理环境及其变化对宇宙航行的安全也有重要影响。对变化磁场的研究一直是近地空间环境(电离层和磁层)监测、诊断、研究和预报的重要内容[1]，它不仅在地磁学领域内，而且在其他许多学科领域内，都具有重大的理论意义和实践意义。本书就是在认识理解地球变化磁场物理起源、机理的基础上，结合现代智能信号处理方法及地质统计学理论展开的。

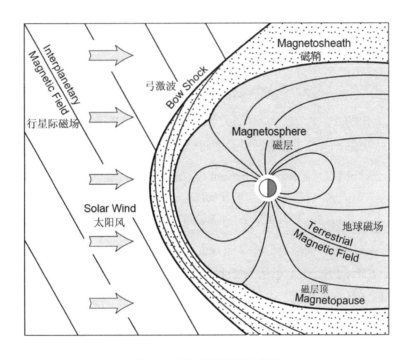

图 2.1　日地空间环境示意图

　　地磁场是一个矢量场，它是空间位置和时间的函数，通常采用图 2.2 所示的观测点直角坐标系，即以观测点为坐标系原点，分别取地理北向、地理东向和垂直向下为 $x$、$y$ 和 $z$ 轴的正向。在这个坐标系中，地磁场矢量的分量分别称为北向分量、东向分量和垂直分量，记作 $X$、$Y$ 和 $Z$。在地磁场研究中还用到其他 4 个要素，即水平分量(又称水平强度，即地磁场在水平面($xoy$ 面)上的分量，记作 $H$)、磁偏角(地理北向与地磁水平分量 $H$ 的夹角，记作 $D$，地磁场东偏为正)、磁倾角(地磁场与水平面的夹角，记作 $I$，磁场向下为正)和总强度(记作 $F$)。

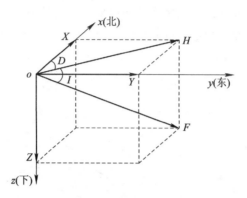

图 2.2　地磁场观测点坐标系及地磁场七要素

以上列出的 $X$、$Y$、$Z$、$H$、$D$、$I$、$F$ 等 7 个物理量都称为地磁场的要素。从图 2.2 可以看出，这 7 个地磁要素之间有如下的变换关系：

$$\begin{cases} H = F\cos I, \ Z = F\sin I = H\tan I \\ X = H\cos D, \ Y = H\sin D \\ H^2 = X^2 + Y^2, \ F^2 = X^2 + Y^2 + Z^2 = H^2 + Z^2 \end{cases} \tag{2.1}$$

描述地磁场的特征需要已知 3 个独立的要素，如 $X$、$Y$、$Z$，或 $H$、$D$、$I$，或 $F$、$D$、$I$ 等，其他要素可由式(2.1)求得。

变化磁场具有复杂性和多样性，为了简洁地描述每一时间段内地磁扰动的总体强度或某类磁扰强度的分级指标，地磁学家设计了多种地磁活动指数[1]。在中低纬度地区，扰动强度通常用地磁场水平分量 $H$ 的变化来确定。$K$ 指数、$K_p$ 指数、$A_p$ 指数是比较常用的 3 种地磁活动指数，它描述地磁活动总体水平，而不考虑磁扰的具体类型。$K$ 指数是描述单个地磁台 3 h 时段内地磁扰动强度的指数，称为"三小时磁情指数"。由于各个地磁台的 $K$ 指数有明显的日变化，且受季节和纬度的影响，为了得到描述全球地磁活动的指标，从全球地磁台网选择 12 个台站，先求出每个台站的标准化 $K$ 指数 $K_s$，然后基于 $K_s$ 指数的平均值确定一种描述全球地磁活动性的新指数，叫作"行星性 3 小时磁情指数"，记为 $K_p$，每日 8 个。$A_p$ 指数为 $K_p$ 指数的线性表示，称为"等效的行星性 3 小时幅度"，一天 8 个 $A_p$ 指数的平均值可以作为全天地磁活动水平的量度，称为"行星性等效日幅度"。

## 2.2　地磁数据整理

　　我国有着分布合理的地磁台网,此外,中国地震局在一些敏感地质区域还布设有地磁台阵。这些台站能够提供比较准确的地磁分量观测值,对区域地球变化磁场的分析与建模研究有很大帮助。我国地域辽阔,大部分处于北半球中纬度地区(大致在 20° N 至 50° N 之间),且正处于 $S_q$ 场电流体系的焦点纬度范围内,因此,基于中国地磁台网和台阵的观测数据进行区域尺度特性分析很有意义。

　　表 2.1 为我国部分地磁台站(共 14 个)的相关信息。表 2.2～表 2.4 为中国地震局国家地磁台网提供的 3 个地磁观测台阵(分别为甘肃天祝台阵(TZH Array)、四川西昌台阵(XCH Array)、重庆三峡台阵(SXI Array))的相关信息。

### 表 2.1　我国部分地磁台站(共 14 个)相关信息

| 台站名称 | IAGA 代码 | 地理纬度 | 地理经度 | 海拔/m | 观测量 |
|---|---|---|---|---|---|
| 乾陵 | QIX | 34.570° N | 108.230° E | 885 | $Z$、$H$、$D$ |
| 兰州 | LZH | 36.100° N | 103.800° E | 1560 | $Z$、$H$、$D$ |
| 天水 | TSY | 34.570° N | 104.917° E | 1150 | $Z$、$H$、$D$ |
| 成都 | CDP | 31.000° N | 103.700° E | 653 | $Z$、$H$、$D$ |
| 银川 | YCB | 38.500° N | 106.270° E | 1105 | $Z$、$H$、$D$ |
| 榆林 | YUL | 38.360° N | 109.678° E | 1126 | $Z$、$H$、$D$ |
| 满洲里 | MZL | 49.600° N | 117.400° E | 682 | $Z$、$H$、$D$ |
| 北京 | BJI | 40.000° N | 116.200° E | 69 | $Z$、$H$、$D$ |
| 武汉 | WHN | 30.500°° N | 114.600° E | 75 | $Z$、$H$、$D$ |
| 琼中 | QGZ | 19.000° N | 109.800° E | 227 | $Z$、$H$、$D$ |
| 拉萨 | LSA | 29.600° N | 91.000° E | 3655 | $Z$、$H$、$D$ |
| 佘山 | SSH | 31.100° N | 121.200° E | 100 | $Z$、$H$、$D$ |
| 乌鲁木齐 | WMQ | 43.8° N | 87.7° E | 970 | $Z$、$H$、$D$ |
| 崇明 | COM | 31.6° N | 121.6° E | 8 | $Z$、$H$、$D$ |

表2.2 中国地震局国家地磁台网甘肃天祝台阵信息

| 台站名称 | IAGA 代码 | 地理纬度 | 地理经度 | 海拔/m | 观测量 |
|---|---|---|---|---|---|
| (古浪)横梁 | HLI | 37.300° N | 103.333° E | 2418 | $Z$、$H$、$D$ |
| (景泰)芦阳 | LYA | 37.050° N | 104.153° E | 1864 | $Z$、$H$、$D$ |
| 临夏 | LXI | 35.628° N | 103.263° E | 1822 | $Z$、$H$、$D$ |
| 红沙湾 | HSW | 37.011° N | 103.053° E | 2738 | $Z$、$H$、$D$ |
| 松山 | SGS | 37.114° N | 103.491° E | 2274 | $Z$、$H$、$D$ |
| (永登)莺鸽 | YGE | 36.911° N | 103.234° E | 2374 | $Z$、$H$、$D$ |
| 古丰 | GFE | 37.425° N | 102.828° E | 2434 | $Z$、$H$、$D$ |
| 黄羊 | HYA | 37.372° N | 103.059° E | 2432 | $Z$、$H$、$D$ |
| 寺滩 | STA | 37.234° N | 103.878° E | 1857 | $Z$、$H$、$D$ |

表2.3 中国地震局国家地磁台网四川西昌台阵信息

| 台站名称 | IAGA 代码 | 地理纬度 | 地理经度 | 海拔/m | 观测量 |
|---|---|---|---|---|---|
| (宁南)松新 | SXI | 27.221° N | 102.609° E | 981 | $Z$、$H$、$D$ |
| 卫城 | WCH | 27.454° N | 101.646° E | 2498 | $Z$、$H$、$D$ |
| 昭觉 | ZJU | 28.005° N | 102.842° E | 2060 | $Z$、$H$、$D$ |
| 平地 | PDI | 26.200° N | 101.840° E | 1822 | $Z$、$H$、$D$ |
| 石门坎 | SMK | 26.850° N | 102.750° E | 2420 | $Z$、$H$、$D$ |
| 会理 | HLI | 26.653° N | 102.253° E | 1833 | $Z$、$H$、$D$ |
| 美姑 | MGU | 28.327° N | 103.135° E | 2000 | $Z$、$H$、$D$ |
| 木里 | MLI | 27.932° N | 101.272° E | 2280 | $Z$、$H$、$D$ |
| 南山 | NSH | 26.540° N | 101.690° E | 1217 | $Z$、$H$、$D$ |

表2.4 中国地震局国家地磁台网重庆三峡台阵信息

| 台站名称 | IAGA 代码 | 地理纬度 | 地理经度 | 海拔/m | 观测量 |
|---|---|---|---|---|---|
| (奉节)荆竹 | JZH | 30.757°N | 109.515°E | 1255 | $Z$、$H$、$D$ |
| (石柱)黄水 | HSH | 30.244°N | 108.385°E | 1559 | $Z$、$H$、$D$ |
| (万州)天星 | TXI | 30.752°N | 108.461°E | 455.5 | $Z$、$H$、$D$ |
| (涪陵)江东 | JDO | 29.725°N | 107.438°E | 745 | $Z$、$H$、$D$ |
| (重庆)仙女山 | XNS | 29.520°N | 107.750°E | 1826 | $Z$、$H$、$D$ |
| (巫山)建坪 | JPI | 31.024°N | 109.842°E | 500 | $Z$、$H$、$D$ |

图 2.3 为表 2.1 所列的地磁台站的位置示意图。

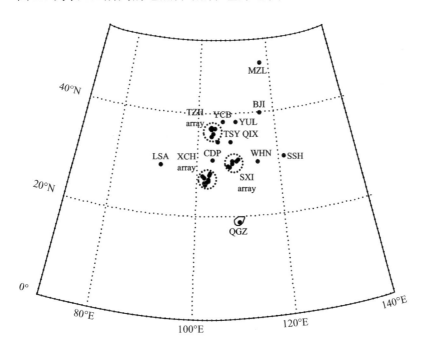

图 2.3  表 2.1 所列的地磁台站位置示意图

由图 2.3 可以看出，这些地磁台站覆盖了一定的地域范围：南北方向约 30 个纬度，东西方向约 30 个经度。

图 2.4～图 2.6 为中国地震局国家地磁台网提供的 3 个地磁观测台阵的位置示意图，这 3 个地磁观测台阵分别为甘肃天祝台阵(TZH Array)、四川西昌台阵(XCH Array)、重庆三峡台阵(SXI Array)。地磁台阵可以提供持续观测的、无论是空间密度还是时间密度均较高的多个地磁分量($H$、$D$、$Z$)数据，因而可以更好地研究较为精细的区域地磁日变时空特征。

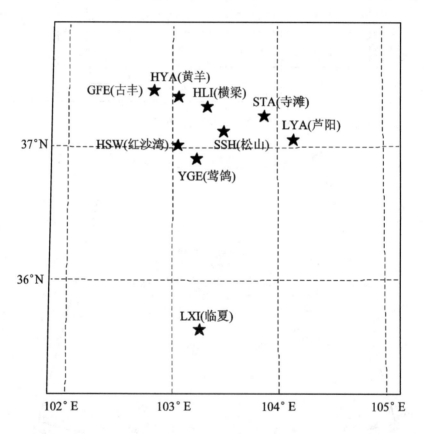

图 2.4　中国地震局国家地磁台网甘肃天祝台阵测站位置示意图

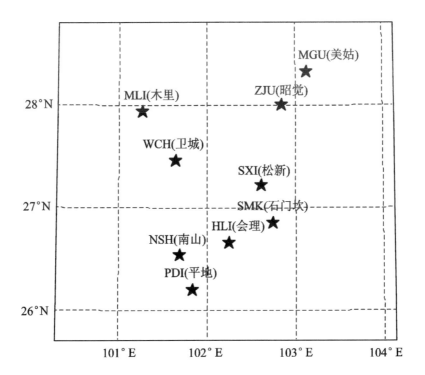

图 2.5　中国地震局国家地磁台网四川西昌台阵测站位置示意图

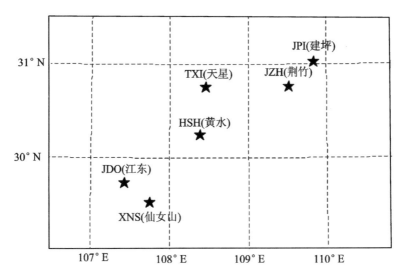

图 2.6　中国地震局国家地磁台网重庆三峡台阵测站位置示意图

# 2.3　本章小结

　　本章简要介绍了地磁场的起源、组成、地磁要素等地磁学基础知识，并收集整理了国家地磁台网和中国地震局提供的地磁台阵等密度较高的地磁台网观测资料，为中纬度区域地球变化磁场的分析与建模研究奠定了基础。

# 第3章
# 基于复杂度理论的地球变化磁场时间序列分析

## 3.1 引 言

由1.2.1节介绍可知,地球变化磁场从物理起源上可以看作是一种复杂系统。对于复杂度及复杂系统理论,不同的研究方向有着不同的理解。就地球变化磁场而言,从军事地球物理需求出发,需要分析地磁扰动强度及演化特征,以便衡量地磁扰动大小,选择武器运载平台导航模式;通过定位地磁扰动时间段,选择武器系统运用窗口。特别是对于磁暴识别(磁暴类型、级别大小和持续时间等)以及空间灾害性天气预警等,地球变化磁场都有一定的参考价值。基于此,本章提出运用样本熵、多尺度熵及滑动窗样本熵方法对不同磁扰程度下的地球变化磁场时间序列进行复杂度特征分析,包括不同 $A_p$ 指数地球变化磁场的样本熵和多尺度熵复杂度分析,以及地球变化磁场的滑动窗样本熵分析。

## 3.2 复杂度理论方法

### 3.2.1 样本熵算法

样本熵(Sample Entropy, SampEn)[13]较近似熵精度更高,且只需较少数据便可得到稳定数值,较适合于工程应用,算法如下:

**Step 1** 假设原始数据为 $\{X_i\} = \{x_1, x_2, \cdots, x_N\}$,长度为 $N$。预先给定嵌入维数 $m$ 和相似容限 $r$,基于原始信号重构 $m$ 维矢量:

$$\boldsymbol{x}(i) = [x_i, x_{i+1}, \cdots, x_{i+m-1}], \quad i = 1, 2, \cdots, N-m \tag{3.1}$$

**Step 2** $x(i)$ 与 $x(j)$ 之间的距离 $d_{ij}$ 取两者对应元素差值绝对值的最大值，即

$$d_{ij}=d[\boldsymbol{x}(i),\boldsymbol{x}(j)]=\max_{k\in[0,m-1]}\left[\left|x(i+k)-x(j+k)\right|\right] \tag{3.2}$$

**Step 3** 对每个 $i$，计算 $x(i)$ 与其余向量 $x(j)$ $(j=1,2,\cdots,N-m;j\neq i)$ 的距离 $d_{ij}$，统计 $d_{ij}$ 小于 $r$ 的数据及此数据与距离总数 $N-m-1$ 的比值，记作 $B_i^m(r)$，即

$$B_i^m(r)=\frac{1}{N-m-1}\{d_{ij}<r\text{的数目}\} \tag{3.3}$$

**Step 4** 再求 $B_i^m(r)$ 的平均值：

$$B^m(r)=\frac{1}{N-m}\sum_{i=1}^{N-m}B_i^m(r) \tag{3.4}$$

**Step 5** 对维数 $m+1$，重复 Step 1～Step 4，得到 $B_i^{m+1}(r)$，进一步得到 $B^{m+1}(r)$。

**Step 6** 样本熵定义为

$$\text{SampEn}(m,r)=\lim_{N\to\infty}\left[-\ln\frac{B^{m+1}(r)}{B^m(r)}\right] \tag{3.5}$$

当 $N$ 取有限数时，式(3.5)变为

$$\text{SampEn}(m,r,N)=\ln B^m(r)-\ln B^{m+1}(r) \tag{3.6}$$

$\text{SampEn}(m,r,N)$ 的值与嵌入维数 $m$、相似容限 $r$ 和数据长度 $N$ 有关，熵值一般对 $N$ 要求不高。对于嵌入维数 $m$，一般取 $m=2$。对于相似容限 $r$，一般取 $(0.1\sim0.25)\text{SD}$($\text{SD}$ 是原始数据的标准差)。样本熵刻画了时间序列在模式上的自相似性和复杂度。

## 3.2.2 多尺度熵算法

2002 年，Richman 和 Costa 等[14-15]在样本熵的定义中引入了尺度因子，提出了多尺度熵(Multi-Scale Entropy，MSE)的概念，用以衡量不同尺度因子下的时间序列复杂性，其计算方法如下：

**Step 1**　设原始数据为 $\{X_i\} = \{x_1, x_2, \cdots, x_N\}$，长度为 $N$。预先给定嵌入维数 $m$ 和相似容限 $r$，构建粗粒向量(Coarse Grained Vector)：

$$y_j(\tau) = \frac{1}{\tau} \sum_{i=(j-1)\tau+1}^{j\tau} x_i, \ 1 \leqslant j \leqslant N / \tau \tag{3.7}$$

式中，$\tau = 1, 2, \cdots$，为尺度因子，这里取 $\tau$ 最大值 $\tau_{\max} = 20$。显然 $\tau = 1$ 时，$y_j(1)$，$1 \leqslant j \leqslant N$ 就是原时间序列。对于非零 $\tau$，$\{X_i\}$ 被分割成 $\tau$ 段，段长为 $N/\tau$ 的粗粒序列 $\{y_j(\tau)\}$。

**Step 2**　对每个粗粒向量求 SampEn 值，得到 $\tau$ 个值，并作熵值与尺度因子的曲线，称之为多尺度熵分析。

### 3.2.3　滑动窗样本熵算法

滑动窗样本熵方法能够很好地检测实际观测资料的动力学结构突变，计算方法如下：假设序列长度为 $N$，首先从序列的第一个数据开始，取窗长度为 $L$ 的数据，求其 SampEn 值，接着滑动窗口，步长为 $M$，求下一组数据的 SampEn 值，最后将得到的值依次连接，构建复杂度序列。由于不同特性的资料，其 SampEn 值差异大，而相同特性的资料，其 SampEn 值差异小，因此，可以基于这一性质检测结构突变。

## 3.3　复杂度方法的仿真验证

### 3.3.1　典型信号的选取

选取混沌方程(Mackey-Glass 方程、Henon 方程、Rossler 方程)、白噪声(White Noise)、$1/f$ 噪声($1/f$ Noise)、周期序列(sin 函数)信号对样本熵及多尺度熵方法进行检验。

(1) 混沌区域的 Mackey-Glass 方程(简称 MG 方程)：

$$\frac{\mathrm{d}x(t)}{\mathrm{d}t} = -bx(t) + \frac{ax(t-\tau)}{1+x^c(t-\tau)} \tag{3.8}$$

其中，$a$、$b$、$c$ 为参数，$\tau$ 为时滞参数，通常取 $b = 0.1$，$c = 10$，$a = 0.2$。

式(3.8)为时滞微分方程(Delay Differential Equation，DDE)，是与普通微分

方程(Ordinary Differential Equation，ODE)并列的一类非线性方程，具有广泛的
应用领域。Farmer[106]对 Mackey-Glass 方程的行为特性做过深入研究，当 $\tau>17$
时呈现混沌性，$\tau$ 值越大，混沌程度越高。

　　这里选择 Mackey-Glass 混沌方程信号作为典型信号，是因为该时滞方程
中 $x(t)$ 的值随时间的演化呈现与地磁场日变曲线非常相似的形态，如图 3.1 所
示。图 3.1 为时滞参数 $\tau=17$ 时，Mackey-Glass 序列与某时间段地球变化磁场
日变曲线的比对图。由于地球变化磁场与整个地球空间电磁环境有关，其场值
在太阳风和行星际磁场的作用下，经过一系列复杂过程，形成了若干时间以后
的地球变化磁场值，具有较强的前后相关性[65]。因此，地球变化磁场具有时滞
特性，且已证明，地球变化磁场具有混沌特性[34]，故，地球变化磁场或许可用
时滞混沌方程来表示。

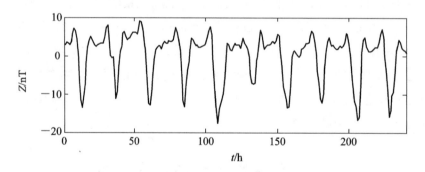

(a) 地球变化磁场时间序列

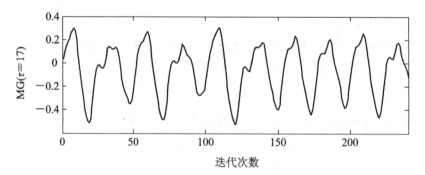

(b) Mackey-Glass 序列

图 3.1　地球变化磁场时间序列与 Mackey-Glass 序列

(2) Henon 方程：

$$\begin{cases} x_{n+1} = 1 - \alpha x_n^2 + y_n \\ y_{n+1} = \beta x_n \\ \alpha = 1.4, \beta = 0.3, x_0 = 0, y_0 = 0 \end{cases} \tag{3.9}$$

(3) Rossler 方程：

$$\begin{cases} \dfrac{\mathrm{d}x}{\mathrm{d}t} = -y - z \\ \dfrac{\mathrm{d}y}{\mathrm{d}t} = x + ay \\ \dfrac{\mathrm{d}z}{\mathrm{d}t} = b + z(x - c) \\ a = 0.2, b = 0.2, c = 5 \end{cases} \tag{3.10}$$

(4) 正弦函数：

$$y = \sin(t) \tag{3.11}$$

## 3.3.2  典型信号的样本熵及多尺度熵计算

表 3.1 为不同序列长度下的各种典型信号时间序列的样本熵，序列长度分别为 500、1000、5000、10 000、20 000。由表 3.1 可以看出，不同序列长度的各典型信号的 SampEn 值差异很小，表明序列的 SampEn 值计算对长度选择没有太高要求。周期序列 sin 函数的 SampEn 值最低，接近于 0；其次为混沌函数，其熵值在 0.4～0.5 范围内；噪声系统的样本熵最大。此外，还发现 3 种混沌时间序列的 SampEn 值差别不大，难以区分。所以，可以考虑用多尺度熵进行分析。

表 3.2 为 Mackey-Glass 方程时间序列($N = 10\,000$)取不同时滞参数 $\tau$ 时的样本熵。Mackey-Glass 方程 $\tau$ 值在一定范围内正比于混沌程度，但从表 3.2 中发现，随着时滞参数 $\tau$ 的增大，Mackey-Glass 时间序列的 SampEn 值亦逐渐增大，说明其复杂程度逐渐增大，表明 SampEn 值可以衡量不同时间序列的复杂度。

表 3.1　各种典型信号时间序列样本熵(不同序列长度)

| 尺　度 | 500 | 1000 | 5000 | 10000 | 20000 |
|---|---|---|---|---|---|
| MG 方程($\tau = 17$) | 0.4343 | 0.4289 | 0.4219 | 0.4139 | 0.4203 |
| MG 方程($\tau = 30$) | 0.5009 | 0.4739 | 0.4671 | 0.4428 | 0.4440 |
| Rossler 方程 | 0.4443 | 0.4376 | 0.4295 | 0.4200 | 0.4208 |
| Henon 方程 | 0.4896 | 0.4919 | 0.4896 | 0.4910 | 0.4910 |
| 白噪声 | 2.4704 | 2.5100 | 2.4660 | 2.4695 | 2.4779 |
| $1/f$ 噪声 | 2.2244 | 2.1680 | 2.0430 | 2.0185 | 1.9731 |
| 正弦函数 | 0.0207 | 0.0305 | 0.0278 | 0.0278 | 0.0278 |

表 3.2　Mackey-Glass 方程取不同时滞参数 $\tau$ 时的样本熵($N = 10000$)

| 时滞 $\tau$ | 17 | 20 | 23 | 26 | 29 | 32 |
|---|---|---|---|---|---|---|
| 样本熵 | 0.4139 | 0.4212 | 0.4362 | 0.4412 | 0.4421 | 0.4481 |

　　图 3.2 和图 3.3 为各种典型信号时间序列的多尺度熵特征,序列产生条件见上述方程,序列长度分别为 5000 点、10000 点、20000 点、30000 点。从图 3.2 和图 3.3 可以看出,不同序列长度的各典型信号序列的多尺度熵仅有很小差异,表明序列的多尺度熵计算对长度选择没有太高的要求。从图 3.2 可以看出,在尺度为 1(即原始信号的长度)时,白噪声序列的 SampEn 值比 $1/f$ 噪声序列的大;当尺度为 4 时,$1/f$ 噪声序列的 SampEn 值开始比白噪声序列的大,之后白噪声序列的 SampEn 值随着尺度的增大逐渐减小,而 $1/f$ 噪声序列的 SampEn 值基本不变,与 $1/f$ 噪声序列的理论特征相符。sin 序列的 SampEn 值一直较小,并在后面的尺度稳定下来,这点与 sin 信号的周期性特征相符。Henon 序列和 Rossler 序列第一个尺度的 SampEn 值非常接近,难以用 SampEn 值区分,但计算其多尺度熵,如图 3.2 所示,发现两者区别还是很大的。综上所述,多尺度熵可用来表征不同时间序列,尤其是较为复杂的时间序列的复杂度。

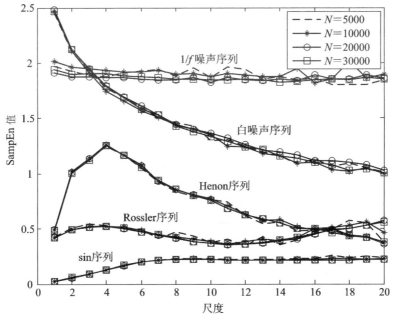

图 3.2　不同序列长度下的各种典型信号时间序列多尺度熵

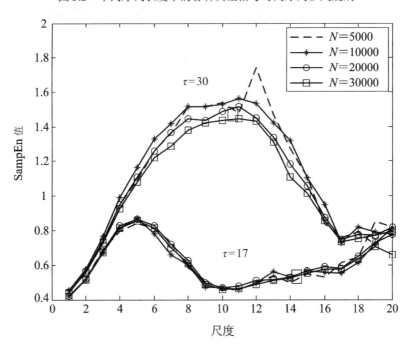

图 3.3　不同序列长度 Mackey-Glass 序列多尺度熵($\tau=17$，$\tau=30$)

此外，从图 3.3 可以看出，Mackey-Glass($\tau = 17$)序列的多尺度熵曲线变化较为复杂，在前 5 个尺度逐渐上升，在 5～9 尺度逐渐减小，在 10～16 尺度基本稳定，而在 17～20 尺度，其 SampEn 值又逐渐增大。由此可以看出，Mackey-Glass 序列的复杂性更为显著。比较图 3.3 中 $\tau = 17$ 序列和 $\tau = 30$ 序列，发现 $\tau = 30$ 序列的各个尺度上的样本熵值都比 $\tau = 17$ 序列的大，这也直观地验证了上述观点。

### 3.3.3　滑动窗样本熵的突变检测性能测试

构造仿真序列 $y(n)$，长度为 6000 点，前 2000 点为 Logistic 混沌序列 $S1$；中间 2000 点为 sin 函数周期序列 $S2$，表达式为 $0.5\sin(0.2n)$；后 2000 点为白噪声序列 $S3$。

图 3.4(a)为 $y(n)$ 的演化曲线，图 3.4(b)为滑动窗样本熵曲线，窗口长度 $L = 200$，步长 $M = 1$。

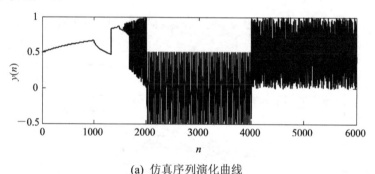

(a) 仿真序列演化曲线

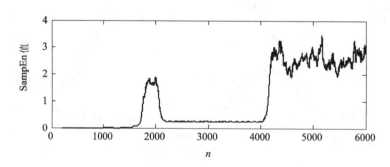

(b) 仿真序列的滑动窗样本熵曲线

图 3.4　仿真序列突变检测示意图

由图 3.4 可以看出,滑动窗样本熵曲线趋势变化较为直观地描述了不同特征的序列。对于前 2000 点 Logistic 序列,依次经历了稳定不动点、不稳定不动点、周期、混沌 4 个不同的演化阶段时,样本熵复杂度曲线呈现出明显的增大趋势,且与 Logistic 序列变化的步调一致。第 2000 点处是突变点,由混沌区域的 Logistic 序列突变为 sin 函数周期序列,由图 3.4(b)可以看出,从对应点处的样本熵值开始,逐渐减小,并稳定在一个比较小的熵值,说明序列在由混沌方程变为周期方程后,其复杂度降低。第 4000 点处也是突变点,由 sin 函数周期序列突变为随机行为的白噪声序列,体现在图 3.4(b)滑动窗样本熵曲线上,其熵值在对应点处逐渐增大,说明后 2000 点的系统复杂度突然增大。由此可见,滑动窗样本熵可以很好地检测时间序列的动力学结构突变。

## 3.4　地球变化磁场时间序列的复杂度分析

### 3.4.1　地磁数据来源

本书对地球变化磁场的复杂度分析主要从两方面展开:

(1) 不同磁扰程度下地球变化磁场的样本熵分析及多尺度熵分析;

(2) 不同磁扰程度下(包括磁暴)地球变化磁场的滑动窗样本熵分析。

为了说明结论的普适性,本书选用了覆盖地域广泛的多个地磁台站,相应地,采用 $A_p$ 指数,即行星性等效日幅度作为全天地磁活动水平的量度。由于地磁扰动在 $H$ 分量上较显著,所以,这里地磁数据取 $H$ 分量。对于不同磁扰程度的地球变化磁场,其复杂度(这里体现为熵值大小)应会有所差异。

相应的地磁数据亦分为两部分。

第一部分数据为不同 $A_p$ 指数的地磁日变数据,取自国家地磁台 6 个台站(乾陵(QIX)、拉萨(LSA)、满洲里(MZL)、琼中(QGZ)、乌鲁木齐(WMQ)、崇明(COM),台站信息具体见表 2.1)2009 年的 $H$ 分量分均值。这 6 个地磁台站分布地域广阔,具有广泛的代表性。2009 年 $A_p$ 指数统计见表 3.3。由表 3.3 可以发现,地磁活动平静时段居多。所选取的不同 $A_p$ 指数对应的日期见表 3.4。

表 3.3　2009 年 $A_p$ 指数统计

| $A_p$ 指数 | 0 | 3 | 6 | 9 | 12 | 20 | 24 |
|---|---|---|---|---|---|---|---|
| 个数 | 22 | 69 | 18 | 4 | 1 | 1 | 1 |

表 3.4　所选取的不同 $A_p$ 指数地磁数据对应的日期

| $A_p$ 指数 | 0 | 3 | 6 | 12 | 20 | 24 |
|---|---|---|---|---|---|---|
| 日期 | 2009.02.08 | 2009.01.08 | 2009.01.14 | 2009.04.09 | 2009.08.30 | 2009.07.22 |

第二部分数据取自北京地磁台所观测的地磁场 $H$ 分量时均值数据,用于地球变化磁场的滑动窗样本熵分析。数据由三部分构成:

(1) 地磁扰动相对较小的数据,时段范围为 1996 年 4 月 24 日至 8 月 21 日,点数为 2880。统计该时段的 $A_p$ 指数,$A_p<6$ 的占了 63.3%,而 $A_p<12$ 的占了 97.5%,说明在该时段内绝大部分时间变化磁场是非常平静的。

(2) 地磁扰动相对较大的数据,时段范围为 1995 年 2 月 11 日至 5 月 31 日,其间有三次磁暴(急始点分别出现在 1995 年 3 月 26 日、1995 年 4 月 6 日、1995 年 5 月 16 日),点数为 2640。统计该时段的 $A_p$ 指数,$A_p>6$ 的占了 56.4%,说明此段时间地磁扰动较大。

(3) 磁暴数据,这里收集了北京地磁台所记录的 1990 年发生的 20 个 SC 型磁暴,用作磁暴的滑动窗样本熵分析。

## 3.4.2　不同 $A_p$ 指数地球变化磁场的样本熵复杂度分析

计算不同 $A_p$ 指数下的地球变化磁场 $H$ 分量日变化时间序列的样本熵,所用地磁数据为分均值,数据点数为 1440,结果如表 3.5 所示。

由表 3.5 中样本熵值可知,随着 $A_p$ 指数的增大,即随着地磁扰动的增大,大部分台站的样本熵值呈现出逐渐增大的趋势,说明地磁时间序列随着地磁扰动的增大,其复杂性亦逐渐增大,可预测性变小,动力学结构越来越复杂,呈现出较强的不确定性。这似乎是显而易见、不证自明的，但是，崇明(COM)地磁台的样本熵值却没有表现出同样的规律，下面分析其原因。

表 3.5　不同 $A_p$ 指数地球变化磁场 $H$ 分量日变化时间序列的样本熵

| $A_p$ 指数 | 乾陵(QIX) | 拉萨(LSA) | 满洲里(MZL) | 琼中(QGZ) | 乌鲁木齐(WMQ) | 崇明(COM) |
|---|---|---|---|---|---|---|
| 0 | 0.3642 | 0.3349 | **2.1394** | 0.3614 | 0.3286 | **2.3933** |
| 3 | 0.5842 | 0.6949 | 0.6845 | 0.5614 | 0.6786 | **1.8933** |
| 6 | 0.6098 | 0.6700 | 0.7037 | 0.6092 | 0.6607 | **1.6807** |
| 12 | 0.9585 | 0.9243 | 0.9978 | 0.9983 | 0.9650 | **1.9280** |
| 20 | 1.2509 | 1.2811 | 1.2951 | 1.2192 | 1.2773 | **2.2727** |
| 24 | 1.3577 | 1.3487 | 1.3912 | 1.3719 | 1.3381 | **1.3583** |

图 3.5 为崇明(COM)地磁台 2009.02.08($A_p$=0)的 $H$ 分量秒数据日变曲线，该日变曲线上叠加了大量噪声，崇明台在 2009.01.08($A_p$=3)、2009.01.14($A_p$=6)、2009.04.09($A_p$=12)、2009.08.30($A_p$=20)的日变曲线均是如此，说明崇明台站的地磁观测数据噪声较大，这应是崇明台 $H$ 分量日变化时间序列样本熵值出现异常的原因。满洲里(MZL)地磁台在 2009.02.08($A_p$=0)的样本熵值异常亦是此原因。

### 3.4.3　不同 $A_p$ 指数地球变化磁场的多尺度熵复杂度分析

以乾陵(QIX)地磁台为例，由表 3.5 可以看出，当 $A_p$=3 和 $A_p$=6 时，其 SampEn 值差异很小，难以用样本熵区别。本节计算不同 $A_p$ 指数地球变化磁场 $H$ 分量的多尺度熵。计算多尺度熵所需数据点数较多，这里用 $H$ 分量的 10s 均值，点数为 8640。图 3.6 为不同 $A_p$ 指数时地球变化磁场 $H$ 分量日变化时间序列的多尺度熵曲线。

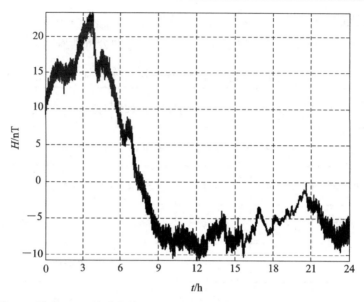

图 3.5　崇明(COM)地磁台的 $H$ 分量秒数据日变化曲线(2009.02.08，$A_p = 0$)

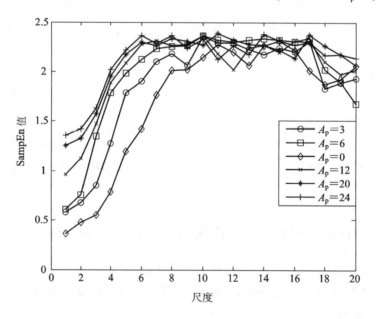

图 3.6　不同 $A_p$ 指数地球变化磁场 $H$ 分量日变化时间序列的多尺度熵

由图 3.6 可以看出，不同 $A_p$ 指数的地球变化磁场多尺度熵特征呈现出比较相似的变化趋势，而且在第 3 至第 6 尺度，即 $A_p = 3$ 与 $A_p = 6$ 的样本熵值表现出比较明显的差异，这进一步证明了多尺度熵在分析复杂时间序列时(比如不同地磁扰动条件下的地球变化磁场)所具有的优越性，即它既能从整体上反映其共有的动力学特征，又能从细节上揭示其独特的演化特征。

### 3.4.4　不同磁扰程度下地球变化磁场的滑动窗样本熵分析

　　选取磁扰较小时间段和磁扰较大时间段数据分别进行滑动窗样本熵分析，滑动窗口长度 $L = 200$，滑动步长 $M = 1$，结果如图 3.7 所示。可以看出，磁扰较大时间段的滑动窗样本熵值整体上要比磁扰较小时间段的值偏大，且变化较为剧烈，说明磁扰较大时间段地球变化磁场的复杂性要强于磁扰较小时间段。仔细观察图 3.7(c)和 3.7(d)，可以发现，在发生磁暴的时间段所对应的滑动窗样本熵值上下波动幅度较大，反映出地磁扰动较剧烈时，地球变化磁场具有较复杂的动力学结构。

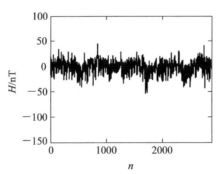

(a) 磁扰较小时间段地球变化磁场曲线

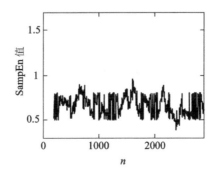

(b) 磁扰较小时间段地球变化磁场滑动窗样本熵曲线

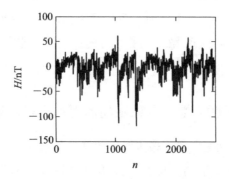

(c) 磁扰较大时间段地球变化磁场曲线

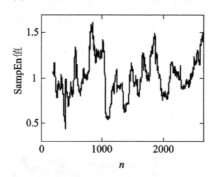

(d) 磁扰较大时间段地球变化磁场滑动窗样本熵曲线

图 3.7　不同磁扰情况下的地球变化磁场及其滑动窗样本熵曲线

(滑动窗口长度 $L = 200$，滑动步长 $M = 1$)

　　再对 1990 年发生的 20 个 SC 型磁暴进行滑动窗样本熵分析，滑动窗口长度 $L = 200$，滑动步长 $M = 1$。以 1990 年 7 月 28 日发生的磁暴为例，图 3.8(a) 为包含该磁暴的一段较短时间长度(10 天)地球变化磁场 $H$ 分量曲线示意图，时间范围为 1990.07.21 至 1990.07.31。图 3.8(b)为其滑动窗样本熵曲线。

　　可以看出，在地磁活动比较平静的时期(21 日到 27 日)，其滑动窗样本熵值在很小的一个区间范围内波动，1990 年 7 月 28 日发生磁暴，产生磁暴急始 SC，相应所计算的滑动窗样本熵值迅速增大，反映出地球变化磁场的动力学结构发生突变，复杂性增强。同时还发现，滑动窗样本熵值开始增大的时间点要早于磁暴急始 SC 发生的时间，这对于磁暴识别及预报有一定的参考价值。

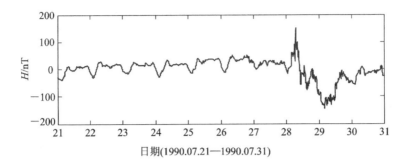

(a) 磁暴曲线示意图

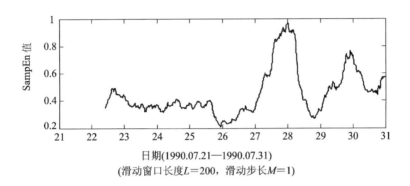

(b) 磁暴滑动窗样本熵曲线示意图

图 3.8　1990.07.28 磁暴曲线及其滑动窗样本熵曲线

## 3.5　本 章 小 结

本章从复杂系统的角度提出运用样本熵、多尺度熵及滑动窗样本熵方法对不同磁扰程度下的地球变化磁场时间序列进行复杂度分析，主要得到以下结论：

(1) 随着 $A_p$ 指数的增大，即随着地磁扰动的增大，地球变化磁场的样本熵值呈现出逐渐增大的趋势。说明地球变化磁场的复杂性亦逐渐增大，动力学结构越来越复杂，呈现出较强的不确定性。表明样本熵能较好地表征地磁扰动的强度。

(2) 不同 $A_p$ 指数地球变化磁场的多尺度熵特征曲线呈现出比较相似的变化

趋势，且对于不同的尺度，不同 $A_p$ 指数的样本熵值表现出明显的差异。表明多尺度熵在分析不同地磁扰动条件下的地球变化磁场时具有优越性，即它既能从整体上反映其共有的动力学特征，又能从细节上揭示其独特的演化特征。

(3) 地球变化磁场的滑动窗样本熵分析结果表明，滑动窗样本熵既能很好地表征地磁扰动的强度，又能准确定位扰动时间段，而且对于磁暴识别及预报有一定的参考价值。

(4) 地球变化磁场具有混沌特性，而 Mackey-Glass 时滞混沌方程随时间的演化呈现出与地磁场日变曲线非常相似的形态，因此，地球变化磁场或许可用时滞混沌方程来表示。

# 第4章
# 地球变化磁场的单站预测模型

## 4.1 引　言

地球变化磁场是一个复杂系统，难以用完备的理论模型精确建模与预测。但有研究表明，变化磁场具有混沌特性[34]，因此，短时预测是可行的。经验模态分解(EMD)[107]是一种信号分解方法，较适于分析非线性、非平稳性信号，被广泛应用于各类地球物理信号分析中。地球变化磁场包含着丰富的伪周期信息，因此，可利用 EMD 获取地磁信号中的伪周期分量，进而进行建模预测。

地球变化磁场包含许多不同的成分(不是简单的高频和低频)，如果按照经验模态分解的观点即"存在不同的经验模态"，是否可以通过经验模态分解的方法先提取变化磁场的不同"经验模态"，然后对其进行复杂度分析，并对不同的"模态"通过智能信号处理理论分别建模，以降低地球变化磁场的复杂性对预测结果的影响，最后进行模型叠加。这种将智能信号处理理论与地球物理基本过程研究相结合的思路，正是本章的研究思路。

## 4.2 模型所用数据

模型所用数据选自国家地磁台网 5 个台站(乾陵(QIX)、拉萨(LSA)、满洲里(MZL)、琼中(QGZ)、乌鲁木齐(WMQ)，台站具体信息见表 2.1)2009 年观测的数据，台站分布地域广阔，具有广泛的代表性。目前常用的地磁匹配分量为 $Z$ 分量和 $F$ 分量[60,108]，本章选择 $Z$ 分量作为模型对象，其他分量亦可使用该模型。

在地磁辅助导航应用中，匹配分量的时间精度越高越好，但随之而来的是计算量增大而预测时长缩短。针对工程需求综合考虑，这里采用地磁 $Z$ 分量的 10 min 均值作为建模对象。Chen[109]指出，$S_q$ 日变幅具有显著的逐日变化特征，预测时长超过一天将难以达到较高精度。因此，结合实际应用需求，预测时长最长为 24 h。

为了考察模型在各种地磁活动性水平下的预测性能，基于 $K_p$ 指数选取了模型所用的 3 种样本集，分别为地磁活动平静期(2009 年第 23、24 周：2009.06.05—2009.06.18，该时段 $K_p$ 指数均小于 2.5)、中等活动期(2009 年第 15、16 周：2009.04.09—2009.04.22，该时段 $K_p$ 指数均小于 3.5)、较强活动期 (2009 年第 25、26 周：2009.06.19—2009.07.02，该时段 $K_p$ 指数整体偏大，最大超过 5)。对于训练样本，理论上越多越好，但在实际地磁导航中，可用样本数据不一定丰富，通过综合考虑，用样本集前 1 周的数据训练模型。为了更准确地计算模型的预测精度以及较直观地显示预测结果，这里将测试数据也选取为 1 周做预测检验。

# 4.3　MEEMD-样本熵-回声状态网络地球变化磁场预测模型

单站地球变化磁场模型是构建区域地球变化磁场模型的基础。通过分析地球变化磁场的复杂度特性，发现地球变化磁场时间序列具有一定的复杂性，且非线性、非平稳特性显著，基于此，提出了一种基于 MEEMD-样本熵-回声状态网络(MEEMD-SampEn-ESN)的组合预测模型，以降低地球变化磁场数据非线性和非平稳性对预测结果的影响。

## 4.3.1　改进集成经验模态分解(MEEMD)方法

经验模态分解(EMD)较适于分析复杂信号，但在分解过程中易出现模态混叠现象。集成经验模态分解(Ensemble Empirical Mode Decomposition，EEMD)[110-111]

是一种改进的 EMD 方法，通过叠加高斯白噪声在原始信号上，并对其进行多次 EMD，然后对每次分解得到的对应本征模态函数(Intrinsic Mode Function, IMF)取均值并作为最终的 IMF，可有效避免模态混叠现象。

EMD 是把原始信号 $x(t)$ 分解为一组 IMF 分量 $imf_i$ 和余项 $r$ 的和，即

$$x(t) \xrightarrow{\text{EMD}} \sum_{i=1}^{n} \text{imf}_i + r \tag{4.1}$$

则信号 $x(t)$ 的 EEMD 分解可表示为

$$x(t) + n_j(t) \xrightarrow{\text{EEMD}} \sum_{i=1}^{n} c_i + r \tag{4.2}$$

$$c_i = \frac{1}{m} \sum_{j=1}^{m} c_{i,j} \tag{4.3}$$

两式中，$n_j(t)$ 为第 $j$ 次辅助分解加入的白噪声信号，$c_{i,j}$ 为信号 $x(t)$ 第 $j$ 次白噪声辅助分解得到的第 $i$ 个分量。

但 EEMD 也存在一些不足，若加入的白噪声幅值过低，则不能起到较好的抑制模态混叠的作用，反之，则可能出现白噪声残余量过大、高频成分被污染，甚至模态分裂问题。因此，郑旭[112]等在 Wu[110]研究的基础上，提出了一种改进的集成经验模态分解(Modified Ensemble Empirical Mode Decomposition, MEEMD)方法，有效地解决了这些不足。

具体步骤如下：

Step 1 将绝对值相等的正负两组白噪声信号 $w_{n+}(t)$ 和 $w_{n-}(t)$ 加入待分析信号 $x(t)$ 中，并进行集成平均次数相等的 EEMD：

$$x(t) + w_{n+}(t) \xrightarrow{\text{EEMD}} c_{i+}(t) \tag{4.4}$$

$$x(t) + w_{n-}(t) \xrightarrow{\text{EEMD}} c_{i-}(t) \tag{4.5}$$

Step 2 将 $c_{i+}(t)$ 和 $c_{i-}(t)$ 中的对应分量作平均，可最大限度消除白噪声的残余，即

$$c_i(t) = 0.5\left[c_{i+}(t) + c_{i-}(t)\right], \ i = 1, 2, \cdots, m \tag{4.6}$$

Step 3 $c_i(t)$ 不一定是标准的 IMF 分量，且可能存在模态分裂问题，所以，

需对其再进行 EMD 以得到标准 IMF 分量，具体步骤为：当 $i=1$ 时，对第一个分量 $c_1(t)$ 进行 EMD 分解，即

$$c_1(t) \xrightarrow{\text{EMD}} d_1(t) + q_1(t) \tag{4.7}$$

其中，$d_1(t)$ 表示 $c_1(t)$ 经过 EMD 分解得到的第一个标准 IMF 分量，$q_1(t)$ 表示其残余。当 $i=k, k=2,3,\cdots,m$ 时，

$$[q_{k-1}(t) + c_k(t)] \xrightarrow{\text{EMD}} d_k(t) + q_k(t) \tag{4.8}$$

其中，$d_k(t)$ 表示分解得到的第 $k$ 个标准 IMF 分量，$q_k(t)$ 表示其分解后的残余。MEEMD 最终可以表示为

$$x(t) \xrightarrow{\text{MEEMD}} \sum_{k=1}^{m}[d_k(t)] + r(t) \tag{4.9}$$

其中，$r(t)$ 表示 MEEMD 分解的最终残余分量。

## 4.3.2　回声状态网络

2001 年，Jaeger[113]提出了一种全新的动态递归神经网络，即回声状态网络(Echo State Network，ESN)，其核心组成部分是状态储备池(State Reservoir，SR)。在稳定性方面，ESN 可以通过预先设定储备池权值矩阵的谱半径来保证递归网络的稳定性；在网络训练方面，ESN 的输出权值是唯一而且是全局最优的，不存在传统神经网络普遍存在的局部最小问题，显示出较好的预测性能。ESN 已经在许多领域的混沌时间序列预测中取得了很好的应用效果[114-115]。

储备池的主要参数包括储备池状态维数 $N$(一般取 100～1000)、内部连接矩阵的稀疏度 $c$(一般取 0.01～0.05)、谱半径 $r$ 等。只有当谱半径小于 1 时，SR 才能产生丰富的回声状态，网络才具备回声状态性质(Echo State Property，ESP)，ESN 才能正常工作[116]。

ESN 的状态演化方程为

$$x(k+1) = f[\boldsymbol{W}x(k) + \boldsymbol{W}_{\text{in}}u(k) + \boldsymbol{W}_{\text{back}}y(k)] \tag{4.10}$$

$$y(k+1) = g\{\boldsymbol{W}_{\text{out}}[x(k+1), u(k+1)]\} \tag{4.11}$$

其中，$x(k)$ 为状态信号；$u(k)$ 为输入激励信号；$y(k)$ 为期望输出信号；$f$ 为储备池

处理单元激活函数，取为双曲正切函数；$g$ 为储备池输出单元激活函数，通常取恒等函数或符号函数。当 $g$ 取恒等函数时，输出权值矩阵 $\boldsymbol{W}_{\text{out}}$ 可通过状态矩阵的伪逆求解，设储备池的状态矩阵 $\boldsymbol{A} = [x(n+1)\quad x(n+2)\quad \cdots \quad x(n+m)]$，期望输出 $\boldsymbol{Y} = [y(n+1)\quad y(n+2)\quad \cdots \quad y(n+m)]$，其中 $\boldsymbol{A}$ 的维数为 $m \times N$，$n$ 为初始选择点，则

$$\boldsymbol{A}\boldsymbol{W}_{\text{out}} \approx \boldsymbol{Y} \Rightarrow \boldsymbol{W}_{\text{out}} = (\boldsymbol{A}^{\text{T}}\boldsymbol{A})^{\dagger}\boldsymbol{A}\,\boldsymbol{Y} \tag{4.12}$$

其中，$\dagger$ 表示矩阵的伪逆[115]。

## 4.3.3　MEEMD-ESN 地球变化磁场预测模型

实际求解过程中 $\boldsymbol{A}^{\text{T}}\boldsymbol{A}$ 常会接近奇异，为了解决此问题，Jeager[116]指出可采用噪声抖动技术来减小状态矩阵 $\boldsymbol{A}$ 的特征值分散度。该技术是目前解决 ESN 不适定问题的主要方法，具体是向储备池方程中加入噪声项 $v(k)$，即状态方程式(4.10)变为

$$x(k+1) = f[\boldsymbol{W}x(k) + \boldsymbol{W}_{\text{in}}u(k) + \boldsymbol{W}_{\text{back}}y(k) + v(k)] \tag{4.13}$$

但 $v(k)$ 是根据经验人为添加的，与时间序列自身的信息无关，因此 $v$ 的引入在一定程度上增加了干扰信息。本章采用 MEEMD 分解得到的地球变化磁场时间序列高频分量 $\text{imf}_1$ 作为 ESN 的噪声项，模型简记为 MEEMD-ESN，即状态方程式(4.13)变为

$$x(k+1) = f[\boldsymbol{W}x(k) + \boldsymbol{W}_{\text{in}}u(k) + \boldsymbol{W}_{\text{back}}y(k) + r_d \times \text{imf}_1(k)] \tag{4.14}$$

式中，$r_d$ 为加入的高频分量幅值系数，$\text{imf}_1(k)$ 为 MEEMD 分解出的高频分量。由于训练样本的高频分量本身就包含有用的信息，代替原随机噪声能更好地提高序列的预测精度，同时亦能有效地克服原 ESN 的不适定问题[115]。采用遗传算法(GA)，对 ESN 的 3 个主要参数(状态维数 $N$、稀疏度 $c$ 和谱半径 $r$)进行优化，关键参数设定为：变量个数 3，种群规模 24，复制比例 80%，终止代数 100。基于回声状态性质 (ESP)[116]，待优化参数的取值范围设定为：$N \in [100,1000]$，$r \in [0.01,1]$，$c \in [0.01,0.05]$。

### 4.3.4　建模方法

**Step 1**　利用 MEEMD 方法将建模所用的地磁场训练数据分解为一系列具有不同特征尺度的 IMF 分量，实现地球变化磁场时间序列平稳化。

**Step 2**　利用复杂系统理论中的样本熵对各 IMF 分量进行复杂度分析(样本熵反映时间序列在模式上的自相似程度)，将熵值相似的 IMF 分量合并，产生新子序列以降低计算规模。

**Step 3**　利用经过高频分量正则化改进的 MEEMD-ESN 模型对各子序列进行建模，选择各子序列的最优模型参数，以降低地球变化磁场数据非线性和非平稳性对预测结果的影响。各子序列建模的具体步骤：

(1) 利用混沌相空间重构理论中的改进 C-C 算法确定各子序列的嵌入维数和延迟时间，嵌入维数即为各子序列的输入维数。

(2) 利用遗传算法选择 ESN 的最优模型参数(状态维数 $N$、稀疏度 $c$ 和谱半径 $r$)，这里高频分量幅值系数 $r_d$ 取为 0.001。

(3) 令预测步数为 1，根据训练集合构造一个较为精确的单步预测模型。

(4) 用模型给出的单步预测值更新输入向量，依次类推进行迭代，实现多步迭代预测。

**Step 4**　将各子序列的预测结果进行合并叠加，即可得到地球变化磁场的预测值。

## 4.4　模型预测实验

基于 4.3.4 节的建模步骤对各个台站地磁活动平静期(2009 年第 23、24 周：2009.06.05—2009.06.18)、中等活动期(2009 年第 15、16 周：2009.04.09—2009.04.22)、较强活动期(2009 年第 25、26 周：2009.06.19—2009.07.02)的数据分别进行建模预测。这里给出乾陵地磁台站的 MEEMD-SampEn-ESN 组合模型的预测结果。

## 4.4.1　平静期建模与预测

图 4.1(a)为地磁活动平静时段(2009 年第 23、24 周:2009.06.05—2009.06.18)的 $Z$ 分量曲线,图 4.1(b)为该段时间的 $K_p$ 指数曲线。从图 4.1 中可知,这一时间段 $K_p$ 指数均小于 2.5,说明地磁活动性很低。

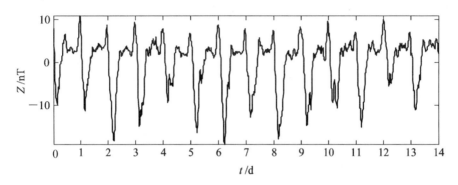

(a) 地磁 $Z$ 分量曲线

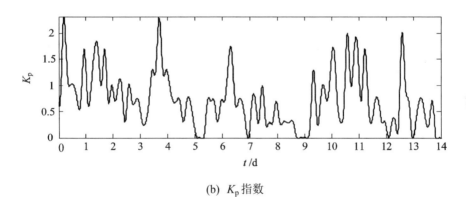

(b) $K_p$ 指数

图 4.1　地磁场 $Z$ 分量曲线及对应的 $K_p$ 指数曲线(平静期)

由图 4.1(a)还可以看出,地球变化磁场时间序列虽具有一定的伪周期性和规律性,但是非线性和非平稳性特征也比较显著,具有一定的复杂性。为了提高预测精度,首先利用 MEEMD 将建模所用训练数据(第 23 周)分解为一系列具有不同特征尺度的 IMF 分量,实现地球变化磁场时间序列平稳化,如图 4.2 所示。

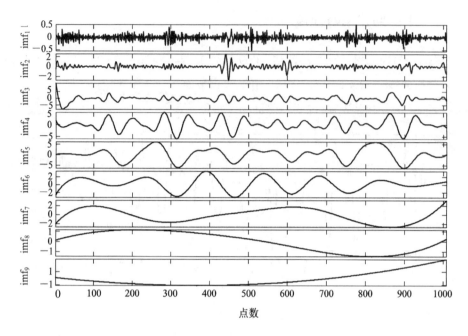

图 4.2　MEEMD 分解后的地球变化磁场训练样本数据各 IMF 分量(平静活动期)

由图 4.2 看出，地球变化磁场时间序列较为复杂，导致分解产生的 IMF 分量较多(共 9 个)，若是直接使用 MEEMD-ESN 对每个 IMF 分量建模，计算量将会很大。为了提高模型性能，基于复杂度理论计算每个 IMF 分量的 SampEn 值，如图 4.3 所示。

由图 4.3 发现，随着频率的降低，各 IMF 分量的 SampEn 值逐渐减小，这符合实际情况，表明 SampEn 值从原理上及计算上的正确性。此外，我们发现某些相邻的 IMF 分量其 SampEn 值大小接近，由于 SampEn 值反映时间序列在模式上的自相似程度，说明这些相邻的 IMF 分量在时间序列的模式上较为相近。为了降低计算量，将这些熵值相似的 IMF 分量合并，结果如表 4.1 所示，合并后的新子序列如图 4.4 所示。对新子序列分别建立 MEEMD-ESN 模型，最终选取的各子序列的最优模型参数具体见表 4.2。表 4.3 给出了地磁活动平静期基于 MEEMD-SampEn-ESN 组合模型的各台站变化磁场预测时长为 3h 和 24h 的预测误差百分比。

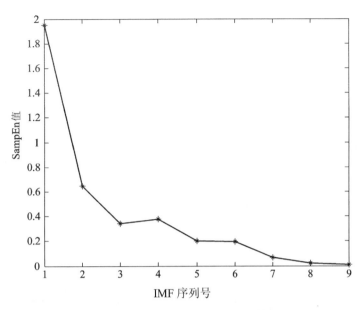

图 4.3　每个 IMF 分量的样本熵(平静期)

表 4.1　各 IMF 分量合并为新子序列的结果(平静期)

| 新序列号 | 1 | 2 | 3 | 4 | 5 |
|---|---|---|---|---|---|
| 原 IMF 分量序列号 | 1 | 2 | 3,4 | 5,6 | 7,8,9 |

表 4.2　各子序列的 MEEMD-SampEn-ESN 组合模型参数(平静期活动)

| 序号 | 幅值系数 | 谱半径 | 稀疏度 | 储备池维数 | 输入向量维数 |
|---|---|---|---|---|---|
| 1 | 0.001 | 0.85 | 0.03 | 262 | 15 |
| 2 | 0.001 | 0.89 | 0.03 | 240 | 11 |
| 3 | 0.001 | 0.92 | 0.02 | 195 | 8 |
| 4 | 0.001 | 0.92 | 0.04 | 210 | 6 |
| 5 | 0.001 | 0.90 | 0.02 | 165 | 4 |

表 4.3　基于 MEEMD-SampEn-ESN 组合模型各台站预测
时长为 3 h 和 24 h 的预测误差(平静活动期)

| 台站名称及代码 | 预测时长为 3 h 的误差百分比/% | | | | 预测时长为 24 h 的误差百分比/% | | | |
|---|---|---|---|---|---|---|---|---|
| | <1nT | <2nT | <3nT | <5nT | <1nT | <2nT | <3nT | <5nT |
| 乾陵(QIX) | 53.3 | 80.3 | 88.5 | 96 | 46.6 | 74.5 | 85 | 94.1 |
| 拉萨(LSA) | 51.2 | 81.4 | 86.2 | 94.6 | 44.2 | 75.1 | 83.8 | 93.3 |
| 满洲里(MZL) | 52.7 | 79.5 | 89.1 | 95.3 | 45.9 | 72.8 | 84.5 | 92.6 |
| 琼中(QGZ) | 54.1 | 80.9 | 90.1 | 96.2 | 47.3 | 73.7 | 86.2 | 94.7 |
| 乌鲁木齐(WMQ) | 53.6 | 78.2 | 87.8 | 95.8 | 46.2 | 74.6 | 85.7 | 94 |

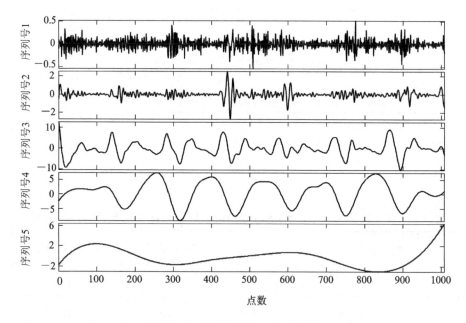

图 4.4　MEEMD-SampEn 处理后的地球变化磁场训练样本数据各 IMF 分量(平静活动期)

图 4.5 给出了地磁活动平静期的预测时长为 3 h(即迭代预测 18 步)的 MEEMD-SampEn-ESN 组合模型预测结果。由于测试数据选取为 1 周(7 天)共 1008 点(7 × 144)，所以要进行 56(7 × 144 ÷ 18)次多步预测。由图 4.5(a)可以发现，MEEMD-SampEn-ESN 组合模型的预测值能紧跟地球变化磁场的趋势，与实际

观测值很好地吻合，说明基于 MEEMD-SampEn-ESN 的预测模型能很好地描述和刻画变化磁场这个复杂系统的特性。由表 4.3 可知，绝对误差小于 5 nT 的占 96%，绝对误差小于 3 nT 的占 88.5%，占了预测数据的绝大部分，且绝对误差小于 1 nT 的占 53.3%，超过了预测数据的一半。

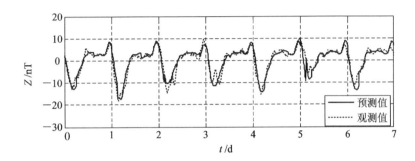

(a) 预测值与观测值曲线

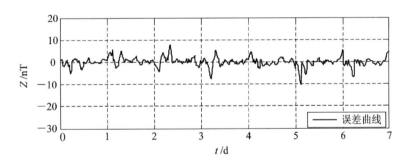

(b) 误差曲线

图 4.5　MEEMD-SampEn-ESN 组合模型预测结果(地磁活动平静期，预测时长 3 h)

图 4.6 给出了地磁活动平静期的预测时长为 24 h(即迭代预测 144 步)的 MEEMD-SampEn-ESN 组合模型预测结果。从图 4.6(a) 中可以看出，MEEMD-SampEn-ESN 组合模型的预测值与真实值的变化趋势基本一致，但由图 4.6(b)可以发现，在曲线变化率较大的时间点的误差幅值偏大。由表 4.3 可知，绝对误差小于 5 nT 的占 94.1%，绝对误差小于 3 nT 的占 85%，占了预测数据的绝大部分，且绝对误差小于 1 nT 的占 46.6%，接近预测数据的一半。

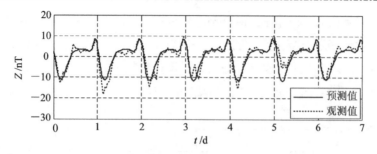

(a) 预测值与观测值曲线

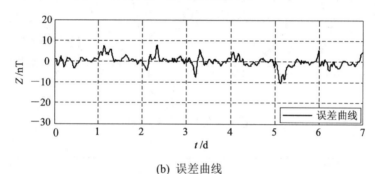

(b) 误差曲线

图 4.6　MEEMD-SampEn-ESN 组合模型预测结果

(地磁活动平静期，预测时长 24 h)

### 4.4.2　中等活动期建模与预测

　　图 4.7(a)为地磁中等活动时段(2009 年第 15、16 周：2009.04.09—2009.04.22)的 $Z$ 分量曲线，图 4.7(b)为该段时间的 $K_p$ 指数曲线，该时间段 $K_p$ 指数均小于 3.5，说明地磁活动性相对较低。

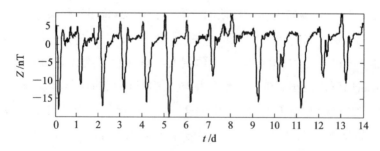

(a) 地磁 $Z$ 分量曲线

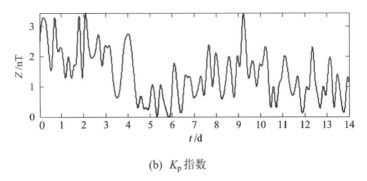

(b) $K_p$ 指数

图 4.7　地磁场 $Z$ 分量曲线及对应的 $K_p$ 指数曲线(中等活动期)

　　由图 4.7(a)还可以看出,地磁中等活动期的变化场曲线较 4.1(a)所示的平静活动期曲线稍微复杂了些,同样,为了提高预测精度,首先利用 MEEMD 将建模所用训练数据(第 15 周)分解为一系列具有不同特征尺度的 IMF 分量,实现地球变化磁场时间序列平稳化,如图 4.8 所示。

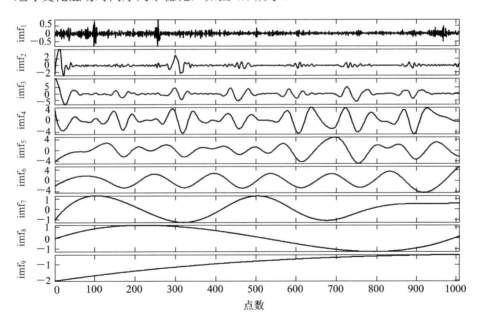

图 4.8　MEEMD 分解后的地球变化磁场训练样本数据各 IMF 分量(中等活动期)

　　由图 4.8 可以看出,地磁中等活动期的变化磁场时间序列更为复杂,导致分解产生的 IMF 分量较多,若直接使用模型对每个 IMF 分量建模,计算量将会很大。同样,为了提高模型性能,基于复杂度理论计算每个 IMF 分量的 SampEn 值,各 IMF 分量的 SampEn 值计算结果如图 4.9 所示。对相邻熵值相似的 IMF 分量进行合并,结果如表 4.4 所示,合并后的新子序列如图 4.10 所示。

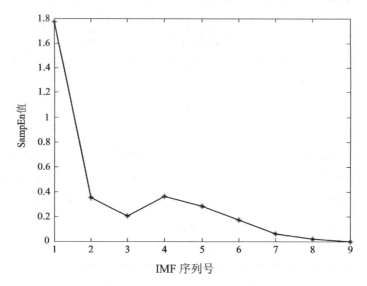

图 4.9 每个 IMF 分量的样本熵(中等活动期)

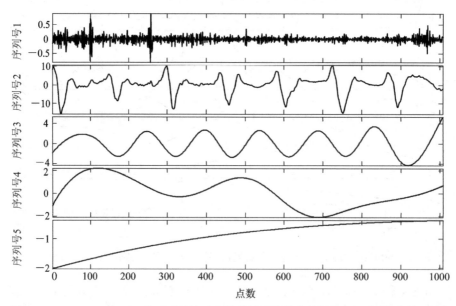

图 4.10 MEEMD-SampEn 处理后的地球变化磁场训练样本数据各 IMF 分量(中等活动期)

表 4.4　各 IMF 分量合并为新子序列的结果(中等活动期)

| 新序列号 | 1 | 2 | 3 | 4 | 5 |
|---|---|---|---|---|---|
| 原 IMF 分量序列号 | 1 | 2,3,4,5 | 6 | 7,8 | 9 |

对新子序列分别建立 MEEMD-ESN 模型，最终选取的各子序列的模型参数具体见表 4.5。表 4.6 给出了地磁中等活动期基于 MEEMD-SampEn-ESN 组合模型的各台站变化磁场预测时长为 3 h 和 24 h 预测误差百分比。

表 4.5　各子序列的 MEEMD-SampEn-ESN 组合模型参数(中等活动期)

| 序号 | 幅值系数 | 谱半径 | 稀疏度 | 储备池维数 | 输入向量维数 |
|---|---|---|---|---|---|
| 1 | 0.001 | 0.86 | 0.02 | 234 | 16 |
| 2 | 0.001 | 0.88 | 0.03 | 140 | 12 |
| 3 | 0.001 | 0.93 | 0.02 | 188 | 10 |
| 4 | 0.001 | 0.91 | 0.03 | 180 | 7 |
| 5 | 0.001 | 0.90 | 0.04 | 102 | 4 |

表 4.6　基于 MEEMD-SampEn-ESN 组合模型
各台站预测时长为 3 h 和 24 h 的预测误差(中等活动期)

| 台站名称及代码 | 预测时长为 3 h 的误差百分比/% | | | | 预测时长为 24 h 的误差百分比/% | | | |
|---|---|---|---|---|---|---|---|---|
| | <1nT | <2nT | <3nT | <5nT | <1nT | <2nT | <3nT | <5nT |
| 乾陵(QIX) | 50.1 | 77.9 | 85.2 | 92.2 | 43.1 | 66.6 | 76.8 | 87.6 |
| 拉萨(LSA) | 51.3 | 78.2 | 84.6 | 90.8 | 42 | 69.4 | 74.3 | 85.9 |
| 满洲里(MZL) | 53.5 | 76.4 | 85.3 | 91.5 | 42.7 | 65.3 | 75.6 | 86.4 |
| 琼中(QGZ) | 49.6 | 77.3 | 83.4 | 92.6 | 43.5 | 64.9 | 77.1 | 88.5 |
| 乌鲁木齐(WMQ) | 48.4 | 76.8 | 84.9 | 91.3 | 42.4 | 68.6 | 76.9 | 87.4 |

图 4.11 给出了地磁中等活动期的预测时长为 3 h(即迭代预测 18 步)的 MEEMD-SampEn-ESN 组合模型预测结果。从图 4.11(a)可以看出，变化磁场真

实曲线的变化趋势较地磁活动平静期稍微复杂一些，但组合模型的预测值曲线基本能紧跟地球变化磁场的变化趋势。由表 4.6 可知，绝对误差小于 5 nT 的占 92.2%，绝对误差小于 3 nT 的占 85.2%，占了预测数据的绝大部分，且绝对误差小于 1 nT 的占 50.1%，达到了预测数据的一半，但较地磁平静活动期的比例下降了一些。

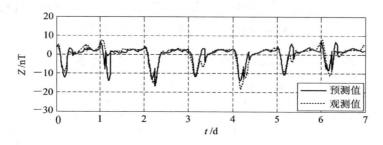

(a) 预测值与观测值曲线

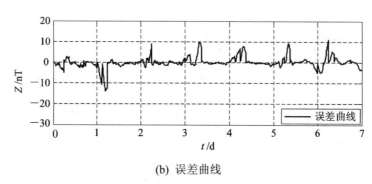

(b) 误差曲线

图 4.11    MEEMD-SampEn-ESN 组合模型预测结果

(地磁中等活动期，预测时长 3 h)

图 4.12 给出了地磁中等活动期的预测时长为 24 h(即迭代预测 144 步)的 MEEMD-SampEn-ESN 组合模型预测结果。从图 4.12(a)中同样可以看出，组合模型的预测值与真实值的变化趋势基本一致，但在曲线变化率较大的时间点的误差幅值偏大，如图 4.12(b)所示。由表 4.6 可知，绝对误差小于 5 nT 的占 87.6%，绝对误差小于 3 nT 的占 76.8%，占了预测数据的绝大部分，且绝对误差小于 1 nT 的占 43.1%，接近预测数据的一半，但较地磁平静活动期的比例下降了一些。

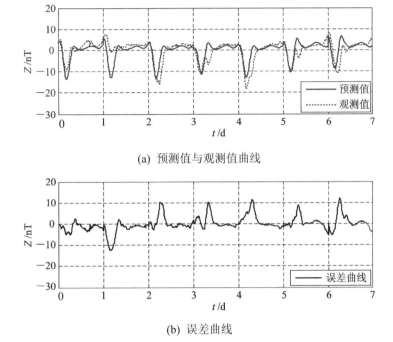

(a) 预测值与观测值曲线

(b) 误差曲线

图 4.12 MEEMD-SampEn-ESN 组合模型预测结果

(地磁中等活动期，预测时长 24 h)

### 4.4.3 较高活动期建模与预测

图 4.13(a)为地磁中等活动时段(2009 年第 25、26 周：2009.06.19—2009.07.02)的 $Z$ 分量曲线，图 4.13(b)为该段时间的 $K_p$ 指数曲线，该时间段 $K_p$ 指数整体偏大，最大超过 5，说明该时段地磁活动性稍微偏高。

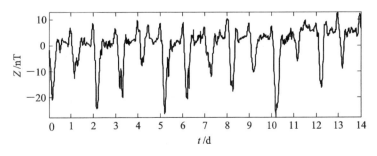

(a) 地磁 $Z$ 分量曲线

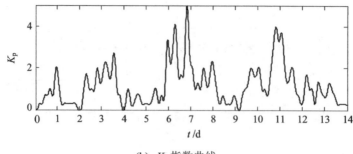

(b) $K_p$ 指数曲线

图 4.13　地磁场 $Z$ 分量曲线及对应的 $K_p$ 指数曲线(较高活动期)

此外，图 4.13(a)所示地磁较高活动期的变化场曲线较前两组变化磁场数据曲线更加复杂，同样，首先利用 MEEMD 将建模所用训练数据(第 25 周)分解为一系列具有不同特征尺度的 IMF 分量，实现地球变化磁场时间序列平稳化，如图 4.14 所示。

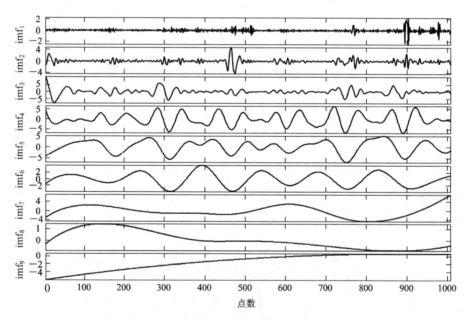

图 4.14　MEEMD 分解后的地球变化磁场训练样本数据各 IMF 分量(较高活动期)

由图 4.14 可以看出，地磁较高活动期的变化磁场时间序列更为复杂，导致分解产生的 IMF 分量较多，若是直接使用模型对每个 IMF 分量建模，计算量将会很大。为了提高模型性能，基于复杂度理论计算每个 IMF 分量的 SampEn

值,各 IMF 分量的 SampEn 值计算结果如图 4.15 所示,对相邻熵值相似的 IMF 分量进行合并,结果如表 4.7 所示,合并后的新子序列如图 4.16 所示。

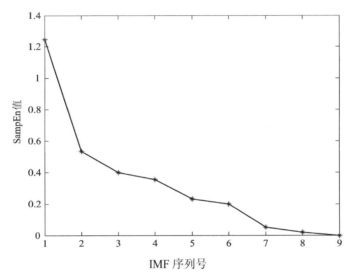

图 4.15　每个 IMF 分量的样本熵(较高活动期)

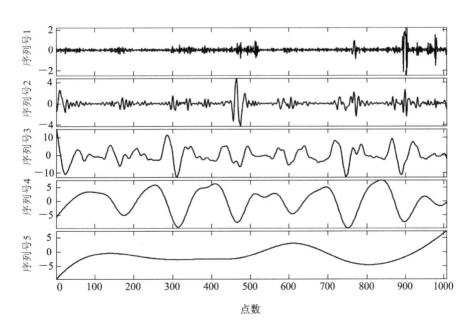

图 4.16　MEEMD-SampEn 处理后的地球变化磁场训练样本数据各 IMF 分量(较高活动期)

表4.7　各IMF分量合并为新子序列的结果(较高活动期)

| 新序列号 | 1 | 2 | 3 | 4 | 5 |
|---|---|---|---|---|---|
| 原IMF分量序列号 | 1 | 2 | 3, 4 | 5, 6 | 7, 8, 9 |

对新子序列分别建立 MEEMD-ESN 模型，最终选取的各子序列的模型参数具体见表 4.8。表 4.9 给出了地磁较高活动期的基于 MEEMD-SampEn-ESN 组合模型的各台站变化磁场预测时长为 3 h 和 24 h 的预测误差百分比。

表4.8　各子序列的 MEEMD-SampEn-ESN 组合模型参数(较高活动期)

| 序号 | 幅值系数 | 谱半径 | 稀疏度 | 储备池维数 | 输入向量维数 |
|---|---|---|---|---|---|
| 1 | 0.001 | 0.95 | 0.03 | 320 | 16 |
| 2 | 0.001 | 0.89 | 0.03 | 242 | 12 |
| 3 | 0.001 | 0.96 | 0.04 | 218 | 11 |
| 4 | 0.001 | 0.88 | 0.03 | 160 | 8 |
| 5 | 0.001 | 0.90 | 0.04 | 138 | 6 |

表4.9　基于 MEEMD-SampEn-ESN 组合模型各台站
预测时长为 3 h 和 24 h 的预测误差(较高活动期)

| 台站名称及代码 | 预测时长为 3 h 的误差百分比/% | | | | 预测时长为 24 h 的误差百分比/% | | | |
|---|---|---|---|---|---|---|---|---|
| | <1nT | <2nT | <3nT | <5nT | <1nT | <2nT | <3nT | <5nT |
| 乾陵(QIX) | 40.8 | 62.9 | 77.4 | 90.7 | 24.6 | 44.7 | 58.5 | 83 |
| 拉萨(LSA) | 42.3 | 63.5 | 78.5 | 91 | 26.6 | 42.8 | 57.3 | 83.2 |
| 满洲里(MZL) | 39.7 | 61.2 | 76.3 | 88.4 | 23.7 | 44.5 | 58.7 | 84.1 |
| 琼中(QGZ) | 40.6 | 62.7 | 76.7 | 89.6 | 25.1 | 43.2 | 59.2 | 82.4 |
| 乌鲁木齐(WMQ) | 38.8 | 60.5 | 75.8 | 90.5 | 24.3 | 45.3 | 56.6 | 83.7 |

图 4.17 和 4.18 分别给出了地磁较高活动期的预测时长为 3 h(即迭代预测 18 步)和 24 h(即迭代预测 144 步)的 MEEMD-SampEn-ESN 组合模型预测结果。由于变化磁场真实曲线的变化趋势较为复杂，组合模型的预测值曲线仅

能大致跟随真实地磁场的变化趋势。由表 4.9 可知，当预测时长为 3 h 时，绝对误差小于 5 nT 的占 90.7%，绝对误差小于 3 nT 的占 77.4%，绝对误差小于 1 nT 的占 40.8%；当预测时长为 24 h 时，绝对误差小于 5 nT 的占 83%，绝对误差小于 3 nT 的占 58.5%，绝对误差小于 1 nT 的占 24.6%。与前两组相比，误差百分比大大下降。

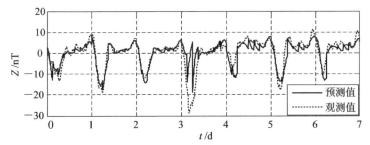

(a) 预测值与观测值曲线

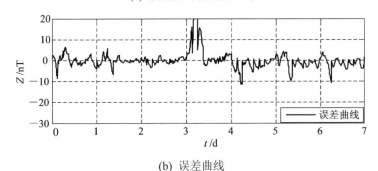

(b) 误差曲线

图 4.17　MEEMD-SampEn-ESN 组合模型预测结果

(地磁较高活动期，预测时长 3 h)

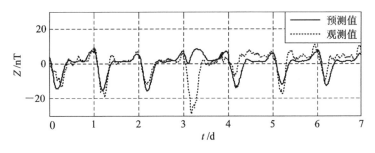

(a) 预测值与观测值曲线

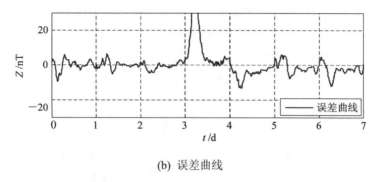

(b) 误差曲线

图 4.18　MEEMD-SampEn-ESN 组合模型预测结果

(地磁较高活动期，预测时长 24 h)

## 4.5　模型预测性能比较

为了考察 MEEMD-SampEn-ESN 组合模型的预测性能，这里选择了被广泛认可的适用于复杂系统建模的 Elman 神经网络[117-118]和最小二乘支持向量机(Least Square Support Vector Machine，LSSVM)[119]进行模型预测性能比对，并构建地球变化磁场的另外两种组合模型，即 EEMD-改进 Elman 神经网络模型[120]和 MEEMD-样本熵-LSSVM 模型[121]，基于同样的数据集，进行了建模预测。使用平均绝对误差(Mean Absolute Error，MAE)作为预测评价函数，以衡量三种预测模型的性能。

为了考察模型在不同预测时长下的预测性能，按预测时长从 10 min(1 步预测)到 24 h(多步迭代预测)，对三种模型在不同预测时长下均做了建模仿真。图 4.19 给出了不同地磁活动性下三种模型在不同预测时长下的平均绝对误差示意图。

由图 4.19 可以看出：

(1) 对于各种不同的地磁活动水平，随着预测时长的增大，每种模型的预测误差都在逐步扩大，但 MEEMD-SampEn-ESN 组合模型预测效果最好。

(2) 对于地磁平静活动期，如图 4.19(a)所示，在预测时长较短时(小于 3 h)，三种方法的预测效果非常接近，但随着预测时长的增大，MEEMD-SampEn-ESN

组合模型则体现出更好的预测效果。

(3) 当地磁活动水平增大时，对于不同的预测时长，MEEMD-SampEn-ESN 组合模型始终体现出更好的预测效果。

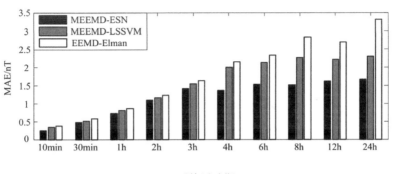

(a) 平静活动期

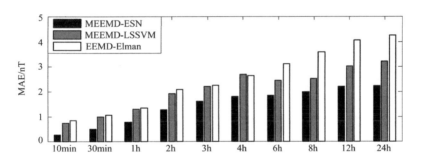

(b) 中等活动期

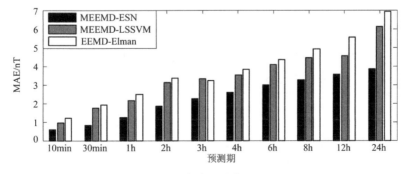

(c) 较高活动期

图 4.19　三种模型在不同预测时长及不同地磁活动水平的平均绝对误差示意图

图 4.20 为 MEEMD-SampEn-ESN 组合模型在不同预测时长以及不同地磁活动水平的误差变化曲线。由图 4.20 可以比较直观地看出，随着地磁活动水平的增大，预测误差相应增大，模型预测性能逐渐下降，说明地磁活动性的大小是影响模型预测性能的一个重要因素。

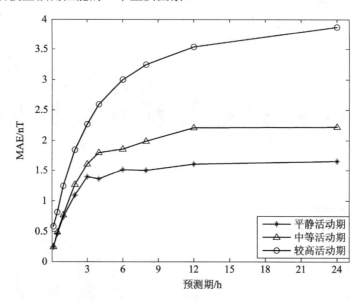

图 4.20　MEEMD-SampEn-ESN 组合模型在不同地磁活动水平和不同预测时长的误差变化曲线

表 4.10 统计了不同地磁活动水平下 MEEMD-SampEn-ESN 组合模型的各台站变化磁场预测时长为 3 h 和 24 h 的预测误差百分比，可以看出，随着地磁活动水平的增大，该预测模型的预测性能逐渐下降，但整体预测效果是明显的，表明该组合模型能很好地描述和刻画变化磁场这个复杂系统的特性。

表 4.10　基于 MEEMD-SampEn-ESN 组合模型各台站变化
磁场预测时长为 3 h 和 24 h 的预测误差

| 地磁活动性 | 预测时长为 3 h 的误差百分比/% | | | | 预测时长为 24 h 的误差百分比/% | | | |
|---|---|---|---|---|---|---|---|---|
| | <1 nT | <2 nT | <3 nT | <5 nT | <1 nT | <2 nT | <3 nT | <5 nT |
| 平静活动期 | 53.0 | 80.1 | 88.3 | 95.6 | 46.0 | 74.1 | 85.0 | 93.7 |
| 中等活动期 | 50.6 | 77.3 | 84.7 | 91.7 | 42.7 | 67.0 | 76.1 | 87.2 |
| 较高活动期 | 40.4 | 62.2 | 76.9 | 90.0 | 24.9 | 44.1 | 58.1 | 83.3 |

# 4.6　本　章　小　结

　　本章对地球变化磁场的单站预测模型进行了研究。针对地球变化磁场的复杂性，按照将智能信号处理与地球物理基本过程相结合的研究思路，提出了一种 MEEMD-SampEn-ESN 组合预测模型，以不同磁扰程度的地磁台站观测数据为例进行分析。结果表明，MEEMD-SampEn-ESN 组合预测模型能紧跟地球变化磁场的变化趋势，并优于 MEEMD-LSSVM 和 EEMD-Elman 比对模型，说明该预测模型能很好地描述和刻画变化磁场这个复杂系统的特性，为实现地球变化磁场短时高精度预测提供了新的思路。

# 第5章
# 地球变化磁场的区域尺度特性分析

## 5.1 引　　言

地磁场日变化是以一个太阳日为周期叠加在地球稳定磁场上的变化磁场，是地磁观测中的基本规律之一，而太阳静日变化 $S_q$ 又是中低纬度地区地磁场日变化中最重要的规则变化，通常用潮汐风发电机理论来解释 $S_q$ 的产生机制[122-123]；但涉及的全球电导率与中性风分布至今仍是难以确定的参数，限制了利用潮汐风发电机来研究 $S_q$ 的各种细节变化如 $S_q$ 的变幅和相位随季节和纬度的变化。

地磁观测仍是较为直接可靠的研究手段，为研究太阳静日变化 $S_q$ 提供了可靠的地磁观测数据。徐文耀[124]等指出，由于潮汐风的季节变化、电离层电导率的南北不对称性和大尺度区域异常、地下电导率的横向不均匀性以及场向电流等因素的影响，$S_q$ 呈现出较为复杂的时空变化，既体现在全球尺度和长时间范围内，亦体现在较小区域尺度和较短时间范围内。目前，已有的分析工作多是利用全球性地磁观测资料，基于大尺度的空间电流体系模型来研究 $S_q$ 场全球性的时空分布特征[124-131]。由于我国地域辽阔，且正处于 $S_q$ 场电流体系的焦点纬度范围内，因此，关于中国地区的较大区域尺度的 $S_q$ 特性分析方面的研究较多[132-136]，而关于 $S_q$ 较小区域尺度特性的分析研究相对较少。地磁场日变化的幅值在一定的时空范围内会有几纳特至几十纳特的变化，相位亦有不同程度的变化，因此，对区域尺度地磁日变规律的分析和研究是很重要的。

在以往的研究中，由于区域尺度范围的测站数量较少，空间分布稀疏，持续观测时长较短，且所用地磁分量也较单一，所以得出的区域地球变化磁场尺度特性相关结论的适用性不强。基于此，设计了地球变化磁场区域尺度观测实验，并基于国家地磁台网和中国地震局提供的地磁台阵数据，以较充分的观测数据对中纬度地区(大致在 20°N 至 50°N 之间)的 $F$、$H$、$Z$ 分量地磁日变的区域尺度特性(包括距离不大于 200 km 的局地尺度)进行了研究。

## 5.2　地磁数据来源

　　本章所用数据由三部分构成。第一部分数据为所设计的较小区域尺度(测站间的经向和纬向最大距离为 300 km)观测实验所获得的数据，分为同经度不同距离间隔和同纬度不同距离间隔的地磁测点观测数据，比较有针对性，用以研究较小区域范围地磁日变的纬度效应和地方时差效应等。观测实验获得的地磁日变数据是由捷克 PMG 质子磁力仪测量的地磁总场的日变化，仪器精度为 0.1 nT，时间分辨率为 1 min。观测数据的信息如表 5.1 和表 5.2 所示，观测实验的测点位置如图 5.1 所示，其中 CST(China Standard Time)指的是北京时间。

表 5.1　地磁日变的区域尺度观测实验信息(同一经度)

| 距离/km | 两测点代码 | 数据起始时间(北京时间) | 纬度差/(′) |
|---|---|---|---|
| 50 | 测点 00—01 | 2012.07.13 CST 00:00—24:00 | 27′ |
| 100 | 测点 00—02 | 2012.06.15 CST 00:00—24:00 | 54′ |
| 200 | 测点 00—03 | 2012.06.29 CST 00:00—24:00 | 109.7′ |
| 300 | 测点 00—04 | 2012.07.13 CST 00:00—24:00 | 164.3′ |

表 5.2　地磁日变的区域尺度观测实验信息(同一纬度)

| 距离/km | 两测点代码 | 数据起始时间(北京时间) | 经度差/(′) | 理论时差/s |
|---|---|---|---|---|
| 50 | 测点 00—10 | 2012.07.19 CST 00:00—24:00 | 32.6 | 130 |
| 100 | 测点 00—20 | 2012.06.15 CST 00:00—24:00 | 65.6 | 262 |
| 200 | 测点 00—30 | 2012.06.29 CST 00:00—24:00 | 131 | 524 |
| 300 | 测点 00—40 | 2012.07.19 CST 00:00—24:00 | 196.4 | 786 |

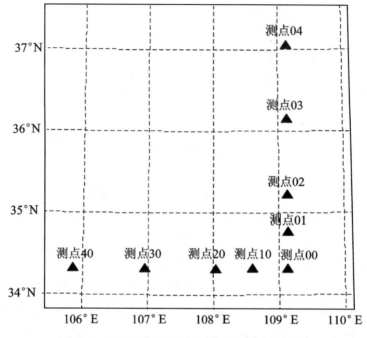

图 5.1　地磁日变区域尺度观测实验测点示意图

根据磁暴报告，2012.06.15、2012.07.01、2012.07.12、2012.07.19 地磁活动均比较平静，没有发生磁暴，每天 $A_p$ 指数分别为 2、5、2、5，说明实验所测时段没有大的地磁扰动。

第二部分数据为在第 2.2 节已介绍的区域地磁台阵观测数据。由地磁台阵位置示意图(图 2.3～图 2.6)及台站信息表(表 2.1～表 2.4)可以看出，地磁台阵所提供的区域尺度范围内的地磁观测数据无论是空间密度还是时间密度均较高，且持续观测时间比较长，3 个地磁台阵的数据起止时间绝大部分是从 2009 年至 2011 年将近 3 年的 $H$、$D$、$Z$ 三个分量秒数据。这些数据对于我们进行地磁日变的区域尺度特性分析非常有益，可以让我们更好地研究更为精细的区域地磁日变时空特征，尤其是不同距离两测站日变差异随时间延伸的变化(如研究不同劳埃德季节的两测站间日变差异规律等)，还可以研究多个地磁分量(如 $H$ 分量、$Z$ 分量、$D$ 分量)的区域尺度特性。但是，由于台网(台阵)中的台站位置分布不是很规律(没有严格地按照同经度或同纬度布设)，所以需要用第一部分数据作为补充研究。

　　第三部分数据为中国地区中纬度范围的经度链和纬度链地磁台站地球变化磁场 $H$、$Z$ 分量数据，包括较大空间尺度和小尺度。这部分数据中的小尺度是相对而言的，其比第一部分数据的空间尺度稍大，是前两部分数据的扩展补充。其中，大尺度的经度链台站包括满洲里(MZL)、北京(BJI)、武汉(WHN)、琼中(QGZ)，其南北纬度差约为 30.6°；大尺度的纬度链台站包括拉萨(LSA)、成都(CDP)、武汉(WHN)、佘山(SSH)，其东西经度差约为 30.2°。大尺度地磁数据选取的是 1996 年各台站观测的时均值数据，如图 5.2 实线方框内的台站。小尺度的经度链台站包括松山(SGS)、临夏(LXI)、成都(CDP)、美姑(MGU)、石门坎(SMK)，其南北纬度差约为 10.3°；小尺度的纬度链台站包括成都(CDP)、天星(TXI)、荆竹(JZH)，其东西经度差约为 5.8°。小尺度地磁数据取的是 2009 年各台站观测的时均值数据，如图 5.2 虚线方框内的台站。

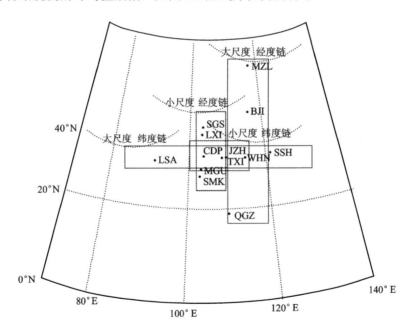

图 5.2　各经纬度链附近台站位置示意图

　　这里用两种参数来衡量不同距离测点之间的日变差异性，分别为站间地磁日变差值中误差 $\delta$ 及站间相关系数 $r$，当 $r$ 越接近 1 时，站间相关程度越好，公式表示如下：

$$\delta = \sqrt{\frac{\sum_{i=1}^{n}\left(T_{\mathrm{A}i} - T_{\mathrm{B}i}\right)^2}{n}} \tag{5.1}$$

$$r = \frac{l_{xy}}{\sqrt{l_{xx} \cdot l_{yy}}} \tag{5.2}$$

式中，$T_{\mathrm{A}i}$ 和 $T_{\mathrm{B}i}$ 为两地磁测点 A 和 B 同时刻的观测值，$l_{xx} = \sum_{i=1}^{n} T_{\mathrm{A}i}^2 - \frac{1}{n}\left(\sum_{i=1}^{n} T_{\mathrm{A}i}\right)^2$，

$l_{yy} = \sum_{i=1}^{n} T_{\mathrm{B}i}^2 - \frac{1}{n}\left(\sum_{i=1}^{n} T_{\mathrm{B}i}\right)^2$，$l_{xy} = \sum_{i=1}^{n}\left(T_{\mathrm{A}i}T_{\mathrm{B}i}\right) - \frac{1}{n}\sum_{i=1}^{n}\left(T_{\mathrm{A}i}T_{\mathrm{B}i}\right)$，$n$ 为地磁观测值个数。

此外，我国海洋磁力测量中不同等级磁测精度要求下的日变改正精度误差限差[25]如表 5.3 所示。

表 5.3　不同磁测等级的日变改正精度和磁测精度

| 磁测等级 | 一级 | 二级 | 三级 | 四级 |
|---|---|---|---|---|
| 磁测精度/nT | 2 | 5 | 10 | 15 |
| 日变改正精度/nT | 0.67 | 1.67 | 3.33 | 5 |

## 5.3　基于观测实验数据的区域尺度特性分析

为了对地磁日变数据进行较小区域尺度特性分析，我们做了不同空间尺度的地磁观测实验，获得了同一经度上不同距离间隔的地磁测点观测数据，以及同一纬度上不同距离间隔的地磁测点观测数据(距离间隔有 50 km、100 km、200 km、300 km)。观测实验所测地磁分量为 $F$ 分量，主要原因：一是为了研究不同地磁分量的区域尺度特性(因获得的 3 个地磁台阵的数据为 $H$、$D$、$Z$ 分量，所以选 $F$ 分量)；二是由于 $F$ 分量测量相对比较容易，目前地磁辅助导航尽可能优先选择 $F$ 分量和 $Z$ 分量[60,108]，所以，需要对 $F$ 分量地磁日变进行区域尺度的特性分析与建模预测。

## 5.3.1　仪器比对实验

在进行地磁日变数据区域尺度观测实验之前，首先对所用 3 台质子磁力仪进行了比对分析，比对结果如图 5.3 和表 5.4 所示。

**表 5.4　3 台质子磁力仪数值比对结果**

| 仪器编号 | 差值中误差 $\delta$/nT | 相关系数 $\gamma$ | 差值<1nT 的百分比/% |
|---|---|---|---|
| 仪器 1、仪器 2 | 0.3201 | 0.9990 | 99.86 |
| 仪器 1、仪器 3 | 0.3668 | 0.9987 | 99.65 |
| 仪器 2、仪器 3 | 0.3429 | 0.9988 | 99.72 |

由图 5.3 可以很直观地看出，3 台仪器在同一地点记录的地磁日变曲线形态、日变幅、极值及极值时间具有较好的一致性，而表 5.4 进一步从数值上说明了 3 台仪器之间有较好的一致性，说明这 3 台仪器获得的资料真实可靠，可用于区域尺度的地磁日变观测实验。

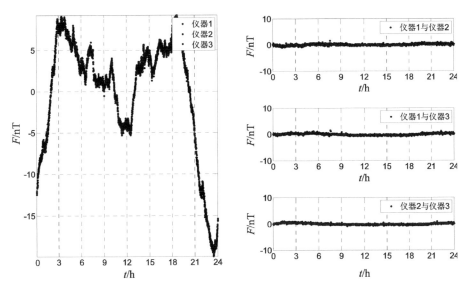

(a) 3 台仪器 $F$ 分量日变曲线　　　　　　(b) 日变差值曲线

图 5.3　3 台质子磁力仪日变曲线比对示意图

## 5.3.2　不同距离尺度的测点尺度特性分析

(1) 纬距 50 km(测点 01 与 00)以及经距 50 km(测点 10 与 00)，见图 5.4。

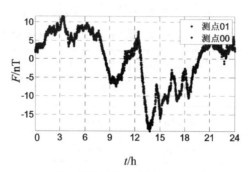

(2012.07.13 CST 00:00—24:00)

(a) $F$ 分量日变化(测点 01 与 00，纬距 50 km)

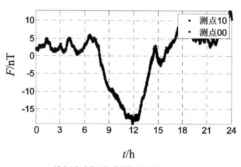

(2012.07.19 CST 00:00—24:00)

(b) $F$ 分量日变化(测点 10 与 00，经距 50 km)

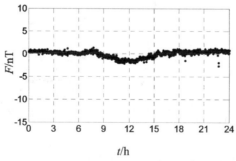

(2012.07.13 CST 00:00—24:00)

(c) 测点 01 与 00 的差值 $F$ 分量变化

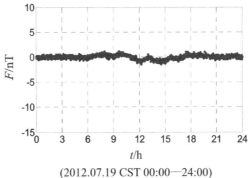

(2012.07.19 CST 00:00—24:00)

(d) 测点 10 与 00 的差值 $F$ 分量变化

图 5.4　距离 50 km $F$ 分量日变曲线及差值曲线

(2) 纬距 100 km(测点 02 与 00)以及经距 100 km(测点 20 与 00)，见图 5.5。

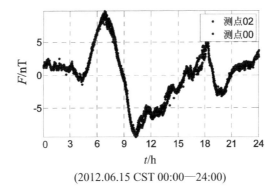

(2012.06.15 CST 00:00—24:00)

(a) $F$ 分量日变化(测点 02 与 00，纬距 100 km)

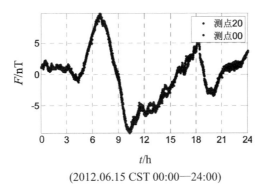

(2012.06.15 CST 00:00—24:00)

(b) $F$ 分量日变化(测点 20 与 00，经距 100 km)

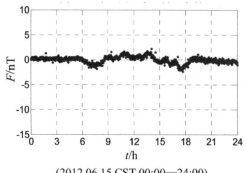

(2012.06.15 CST 00:00—24:00)

(c) 测点 02 与 00 的差值 $F$ 分量变化

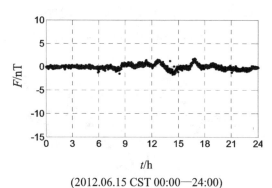

(2012.06.15 CST 00:00—24:00)

(d) 测点 20 与 00 的差值 $F$ 分量变化

图 5.5　距离 100 km $F$ 分量日变曲线及差值曲线

(3) 纬距 200 km(测点 03 与 00)以及经距 200 km(测点 30 与 00)，见图 5.6。

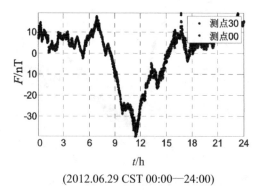

(2012.06.29 CST 00:00—24:00)

(a) $F$ 分量日变化(测点 03 与 00，纬距 200 km)

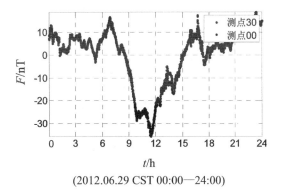

(2012.06.29 CST 00:00—24:00)

(b) F 分量日变化(测点 30 与 00，经距 200 km)

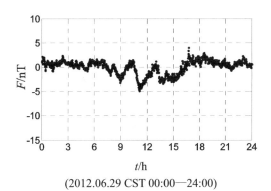

(2012.06.29 CST 00:00—24:00)

(c) 测点 03 与 00 的差值 F 分量变化

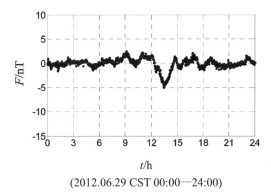

(2012.06.29 CST 00:00—24:00)

(d) 测点 30 与 00 的差值 F 分量变化

图 5.6　距离 200 km F 分量日变曲线及差值曲线

(4) 纬距 300 km(测点 04 与 00)以及经距 300 km(测点 40 与 00)，见图 5.7。

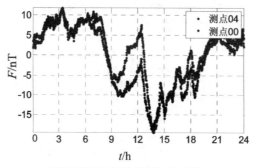

(2012.07.13 CST 00:00—24:00)

(a) $F$ 分量日变化(测点 04 与 00，纬距 300 km)

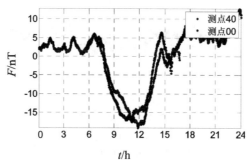

(2012.07.19 CST 00:00—24:00)

(b) $F$ 分量日变化(测点 40 与 00，经距 300 km)

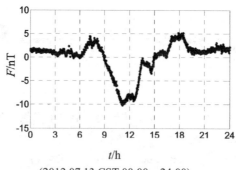

(2012.07.13 CST 00:00—24:00)

(c) 测点 04 与 00 的差值 $F$ 分量变化

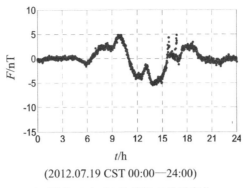

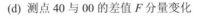

(2012.07.19 CST 00:00—24:00)

(d) 测点 40 与 00 的差值 $F$ 分量变化

图 5.7　距离 300 km $F$ 分量日变曲线及差值曲线

结果分析:

(1) 由图 5.8 和表 5.5 可以看出,在相同的空间距离上,处于同经度的两测站日变差异性比同纬度的要大,这验证了地磁日变化主要随纬度变化的观点。

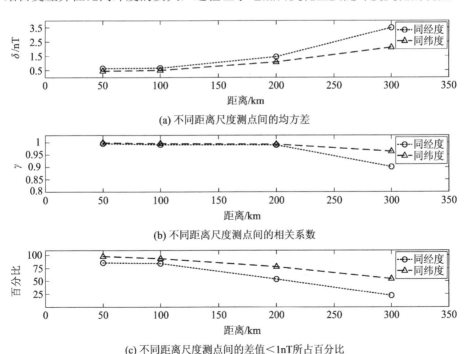

(a) 不同距离尺度测点间的均方差

(b) 不同距离尺度测点间的相关系数

(c) 不同距离尺度测点间的差值<1nT所占百分比

图 5.8　不同距离尺度的测站间日变化空间差异性比对

(2) 由图 5.4～图 5.7 可以直观地看出，两测站日变差异性随距离的增大而增大，且在白天较大，晚上较小，特别是在日变幅度较大的时段，如正午前后，两测站地磁日变曲线差异尤为显著。

(3) 根据表 5.3 不同等级磁测精度要求下的日变改正精度，由表 5.5 可知，在一级磁测精度要求下(<0.67 nT)，空间距离小于 100 km 的两测站可共用一个地磁日变观测站(这里指的是 *F* 分量)。

(4) 由图 5.4～图 5.7 可以直观地看出，随着空间距离的增大，在同一纬度上，不同经度的测站之间会有一定的时差，表现在日变曲线出现了一定的相位平移，这也验证了地磁场日变化与地方时有关的观点。

表 5.5　不同距离尺度的 *F* 分量日变化空间差异性

| 空间距离/km | 同 经 度 | | | 同 纬 度 | | |
|---|---|---|---|---|---|---|
| | 差值中误差 δ/nT | 相关系数 γ | 差值<1nT 的百分比/% | 差值中误差 δ/nT | 相关系数 γ | 差值<1nT 的百分比/% |
| 50 | 0.6251 | 0.9955 | 85.83 | 0.4268 | 0.9986 | 97.85 |
| 100 | 0.6570 | 0.9912 | 84.44 | 0.5 | 0.9961 | 93.89 |
| 200 | 1.4245 | 0.9902 | 54.03 | 1.0628 | 0.9931 | 77.99 |
| 300 | 3.4821 | 0.9014 | 21.74 | 2.0946 | 0.9635 | 54.44 |

### 5.3.3　同纬度地磁测点的时差影响分析

经度越大的测点其日变曲线左侧零值点出现的时间越早，亦即日变曲线超前，这从图 5.4～图 5.7 也可以大致看出，尤其是随着空间距离的增大，这种现象尤为显著。但是，日变曲线超前的时间与相应的两测点间的时差是不是一一对应的关系，亦即我们是否可以简单地将同纬度上的一个地磁测点经过时差上的平移来得到同纬度上另一个地磁测点的日变化曲线呢？王磊[51]等指出，当测区范围较小时，时差对地磁日变改正的影响很小。但他们仅用了两个测站的数据，并且不是严格的同纬度，因此他们也专门说明他们所得到的结论仅适用于该文献所用的两测站之间。本次专门设计的区域尺度地磁观测实验则可以提供不同距离的同纬度两两测站数据，从而可以更好、更充分地对时差影响进行相关分析和验证，结果如表 5.6 所示。

表 5.6　不同距离尺度日变化空间差异性的时差影响分析结果

| 空间距离/km | 经度差/(′) | 理论时差/s | 经时间平移处理 | | | 未经过时间平移处理 | | |
|---|---|---|---|---|---|---|---|---|
| | | | 差值中误差 $\delta$/nT | 相关系数 $\gamma$ | 差值<1nT 的百分比/% | 差值中误差 $\delta$/nT | 相关系数 $\gamma$ | 差值<1nT 的百分比/% |
| 50 | 32.6 | 130 | 0.4446 | 0.9985 | 96.94 | 0.4268 | 0.9986 | 97.85 |
| 100 | 65.6 | 262 | 0.5581 | 0.9912 | 91.32 | 0.5 | 0.9931 | 93.89 |
| 200 | 131 | 524 | 2.4919 | 0.9786 | 34.44 | 1.0628 | 0.9961 | 77.99 |
| 300 | 196.4 | 786 | 1.9394 | 0.9691 | 46.88 | 2.0946 | 0.9635 | 54.44 |

分析：由表 5.6 可以看出，当空间距离较小时(<20km)，经过时间平移处理后，对测点日变数据与相应距离的测点进行差异性比较，并不是所想象的可以减小测站间日变数据的差异性，反而得到相反的结果。这就以更充分的观测实验验证了文献[51]所提出的结论。但是，随着空间距离的增大，比如空间距离为 30km 时，差值中误差和相关系数确实有些改善，不过差值小于 1nT 的百分比仍然降低。

## 5.4　基于地磁台阵观测数据的区域尺度特性分析

地磁台阵可以提供持续观测的，无论是空间密度还是时间密度均较高的多个地磁分量($H$、$D$、$Z$ 分量)数据，用以更好地研究较为精细的区域地磁日变时空特征。此外，由于地磁台站的观测时间较长(获取地磁数据的时间跨度一般都为 3 年)，因此还可以用于研究不同距离的两测站日变差异在时间延伸上的变化，比如研究不同劳埃德(Lloyd)季节的两测站间日变差异规律等。

### 5.4.1　不同距离尺度的两两测站尺度特性分析

由台站信息表 2.2～表 2.4 中的台阵经纬度信息和图 2.4～图 2.6 各台阵测

站分布示意图,我们可以得到大致同经度和大致同纬度的不同距离的两两测站的经度差和理论时差,如表 5.7 和表 5.8 所示。

表 5.7　地磁日变数据信息(大致同经度)

| 空间距离/km | 两测站代码 | 数据起始时间(地方时) | 纬度差/( ′) |
|---|---|---|---|
| 57 | 重庆台阵(天星(TXI)—黄水(HSH)) | 2010.09.16 CST 00:00—24:00 | 30.5 |
| 100 | 西昌台阵(南山(NSH)—卫城(WCH)) | 2010.09.16 CST 00:00—24:00 | 55 |
| 142 | 天祝台阵(莺鸽(YGE)—临夏(LXI)) | 2010.09.16 CST 00:00—24:00 | 77 |
| 186 | 天祝台阵(横梁(HLI)—临夏(LXI)) | 2010.09.16 CST 00:00—24:00 | 100.3 |

表 5.8　地磁日变数据信息(大致同纬度)

| 空间距离/km | 两测站代码 | 数据起始时间(地方时) | 经度差/( ′) | 理论时差/s |
|---|---|---|---|---|
| 59 | 天祝台阵(松山(SGS)—芦阳(LYA)) | 2010.09.16 CST 00:00—24:00 | 40 | 160 |
| 100 | 重庆台阵(天星(TXI)—荆竹(JZH)) | 2010.09.16 CST 00:00—24:00 | 63 | 252 |
| 154 | 西昌台阵(木里(MLI)—昭觉(ZJU)) | 2010.09.16 CST 00:00—24:00 | 94 | 376 |

之所以采用表 5.7 和表 5.8 中所描述的台阵数据做与 5.3 节类似的工作,是为了验证 5.3 节所得到的结论,更重要的是此节数据不是 $F$ 分量,而是具有矢量特性的 $H$ 分量和 $Z$ 分量,从而可以研究 $H$、$Z$ 分量的区域尺度特性。所用各台站数据时间:地方时 2010 年 9 月 16 日 00:00—24:00,查磁暴报告可知该段时间没有发生磁暴,$A_p$ 指数为 6,较为平静。日变曲线分析结果如表 5.9 和表 5.10 及图 5.9~图 5.11 所示。

表 5.9  同经度不同距离尺度的 *H*、*Z* 分量日变化空间差异性

| 同经度<br>空间距离/km | *H* 分量 | | | *Z* 分量 | | |
|---|---|---|---|---|---|---|
| | 差值中<br>误差 $\delta$/nT | 相关<br>系数 $\gamma$ | 差值＜1nT 的<br>百分比/% | 差值中<br>误差 $\delta$/nT | 相关<br>系数 $\gamma$ | 差值＜1nT 的<br>百分比/% |
| 57 | 0.5599 | 0.9992 | 96.60 | 0.6305 | 0.9950 | 99.72 |
| 100 | 0.7893 | 0.9983 | 81.60 | 1.0003 | 0.9600 | 70.28 |
| 142 | 0.8811 | 0.9981 | 75.49 | 1.2054 | 0.8900 | 58.68 |
| 186 | 0.9266 | 0.9977 | 73.40 | 1.2620 | 0.8236 | 44.86 |

表 5.10  同纬度不同距离尺度的 *H*、*Z* 分量日变化空间差异性

| 同纬度<br>空间距离/km | *H* 分量 | | | *Z* 分量 | | |
|---|---|---|---|---|---|---|
| | 差值中<br>误差 $\delta$/nT | 相关<br>系数 $\gamma$ | 差值＜1nT 的<br>百分比/% | 差值中<br>误差 $\delta$/nT | 相关<br>系数 $\gamma$ | 差值＜1nT 的<br>百分比/% |
| 59 | 0.1689 | 0.9999 | 100 | 0.3003 | 0.9957 | 100 |
| 100 | 0.4882 | 0.9994 | 94.40 | 0.8504 | 0.9886 | 93.51 |
| 154 | 1.8500 | 0.9948 | 43.06 | 2.4904 | 0.9482 | 40.3 |

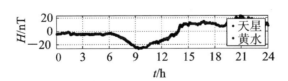

(a) 天星、黄水 *H* 分量日变曲线(同经度，57 km)

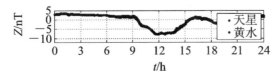

(b) 天星、黄水 *Z* 分量日变曲线(同经度，57 km)

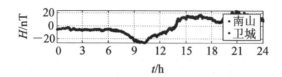

(c) 南山、卫城 H 分量日变曲线(同经度，100 km)

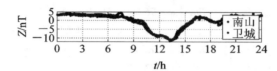

(d) 南山、卫城 Z 分量日变曲线(同经度，100 km)

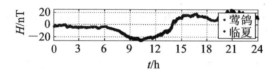

(e) 莺鸽、临夏 H 分量日变曲线(同经度，142 km)

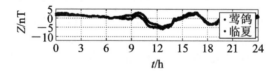

(f) 莺鸽、临夏 Z 分量日变曲线(同经度，142 km)

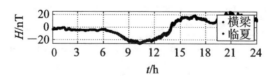

(g) 横梁、临夏 H 分量日变曲线(同经度，186 km)

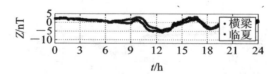

(h) 横梁、临夏 Z 分量日变曲线(同经度，186 km)

图 5.9　同经度不同距离的各两两测站 H、Z 分量日变曲线示意图

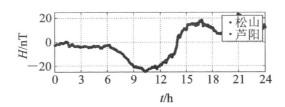

(a) 松山、芦阳 $H$ 分量日变曲线(同纬度，59 km)

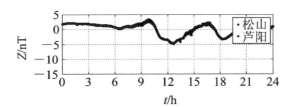

(b) 松山、芦阳 $Z$ 分量日变曲线(同纬度，59 km)

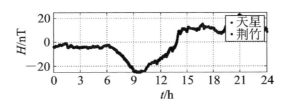

(c) 天星、荆竹 $H$ 分量日变曲线(同纬度，100 km)

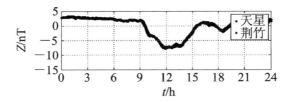

(d) 天星、荆竹 $Z$ 分量日变曲线(同纬度，100 km)

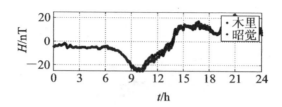

(e) 木里、昭觉 H 分量日变曲线(同纬度，154 km)

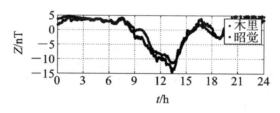

(f) 木里、昭觉 Z 分量日变曲线(同纬度，154 km)

图 5.10　同纬度不同距离的各两两测站 H、Z 分量日变曲线示意图

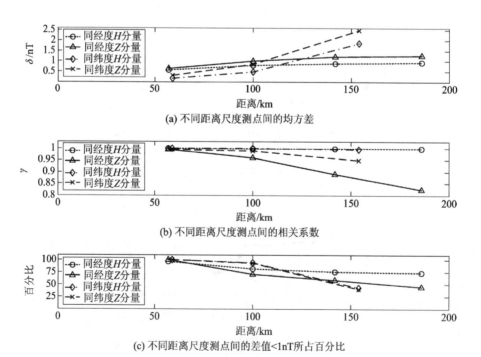

(a) 不同距离尺度测点间的均方差

(b) 不同距离尺度测点间的相关系数

(c) 不同距离尺度测点间的差值<1nT所占百分比

图 5.11　不同距离尺度的测站间日变化空间差异比对

结果分析：总体分析结果与 5.2 节的分析结果基本类似。但是，当空间距离尺度较小时(不大于 200 km)，$Z$ 分量的区域差异性比 $H$ 分量要大，可能的原因主要是地下电导率有区域差异。所以，即使外源场相同，在不同地质区域也会产生不同的感应磁场；地磁感应场在不同的磁场分量上表现不同，由于地磁 $Z$ 分量与地下介质关系最为密切，所以区域感应磁场在地磁 $Z$ 分量反映最为明显[29]。

## 5.4.2　地磁日变化空间差异性的季节性变化分析

由 5.2 节介绍的数据来源可知，由于地磁台阵的观测时长较长(获取地磁数据的时间跨度一般都为 2～3 年)，所以可以用于研究不同距离的两测站日变差异在时间延伸上的变化以及不同劳埃德季节的两测站间日变差异规律。地磁学中习惯使用的劳埃德(Lloyd)季节指的是：以 3、4、9、10 月为春秋分点月份，用 $E$ 表示；以 5、6、7、8 月为夏至点月份，用 $J$ 表示；以 11、12、1、2 月为冬至点月份，用 $D$ 表示。选取的数据为相同经度上不同空间距离的两两测站观测的 $H$、$Z$ 分量数据，时间长度为两年(2009—2010 年)，数据信息如表 5.11 所示。

表 5.11　地磁日变化空间差异性的季节性变化分析数据信息

| 空间距离/km | 两测站代码 | 数据起始时间 | 所用地磁分量 |
|---|---|---|---|
| 57 | 重庆台阵(天星(TXI)—黄水(HSH)) | 2009—2010 | $H$、$Z$ |
| 100 | 西昌台阵(南山(NSH)—卫城(WCH)) | 2009—2010 | $H$、$Z$ |
| 142 | 天祝台阵(莺鸽(YGE)—临夏(LXI)) | 2009—2010 | $H$、$Z$ |
| 186 | 天祝台阵(横梁(HLI)—临夏(LXI)) | 2009—2010 | $H$、$Z$ |

选取所用台站每月较平静 5 d 的磁记录，用时序叠加法计算当月的平均日变化，作为当月的通化平均日变化，然后进行不同空间距离的两两测站日变化空间差异性随季节变化的分析(用站间地磁日变差值中误差 $\delta$ 来衡量差异性)，结果如图 5.12 和图 5.13 所示。图 5.12 为天祝台阵的莺鸽(YGE)与相距 142 km 的临夏(LXI)测站日变差异性随地磁劳埃德季节的变化趋势($H$ 分量)，图 5.13 为不同距离尺度的两两测站间日变化空间差异性随地磁劳埃德季节的变化趋势。

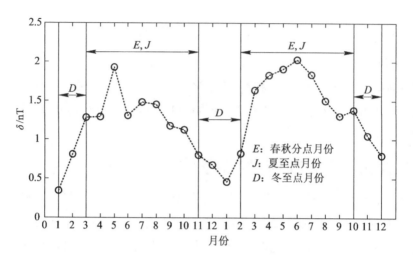

图 5.12　地磁日变化空间差异性的季节性变化趋势

(H 分量，莺鸽(YGE)与临夏(LXI)，距离 142 km)

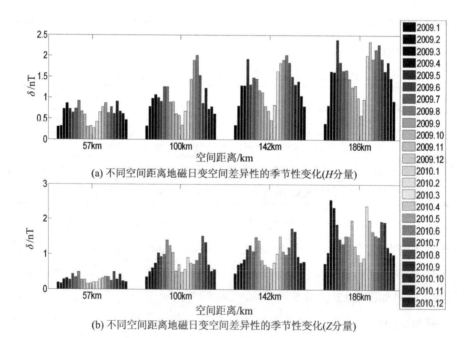

图 5.13　不同距离尺度地磁日变化空间差异性的季节性变化趋势示意图

结果分析：由图 5.12 和图 5.13 可以直观地看出，地磁日变化空间差异性随季节性的变化是比较明显的，比较其差值中误差发现，在冬至点月份 $D$ 较小，在春秋分点月份 $E$ 次之，在夏至点月份 $J$ 最大。由地球公转轨迹可知，从冬至点月份 $D$ 到春秋分点月份 $E$ 再到夏至点月份 $J$，伴随着日地距离越来越小，地磁日变化空间差异性越来越大，与徐文耀[1]总结的 $S_q$ 的季节变化规律亦类似($S_q$ 有明显的季节变化，表现出夏季大，冬季小的特点)。

### 5.4.3　一个特例研究

黄羊(HYA)、古丰(GFE)、横梁(HLI)台站，纬度大致相同，同属于甘肃天祝台阵。黄羊台站距横梁仅 25.5 km，距古丰仅 21 km，且大概位于横梁台站与古丰台站的中间位置，按常理三测站所测地磁分量的幅度、相位、极值点时间等应该非常一致，但事实却不如此。以 2010.09.16 CST 00:00—24:00 为例，三测站 $H$、$Z$ 分量日变化曲线如图 5.14 所示，日变化空间差异性如表 5.12 所示。

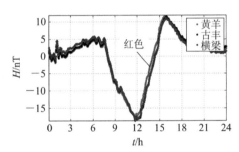

(a) $H$ 分量日变化曲线

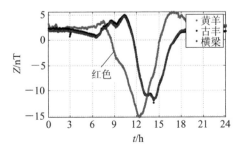

(b) $Z$ 分量日变化曲线

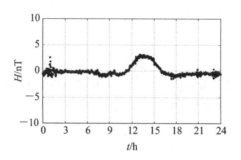

(c) 黄羊、古丰测站H分量差值曲线

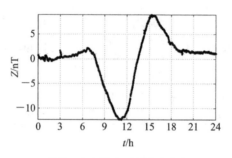

(d) 黄羊、古丰测站Z分量差值曲线

图 5.14　黄羊、古丰、横梁测站 $H$ 分量和 $Z$ 分量日变化曲线及差值曲线

表 5.12　黄羊、古丰、横梁两两测站间的日变化空间差异性

| 两两测站代码及空间距离 | $H$ 分量 | | | $Z$ 分量 | | |
|---|---|---|---|---|---|---|
| | 差值中的误差 $\delta$/nT | 相关系数 $\gamma$ | 差值<1nT 的百分比/% | 差值中的误差 $\delta$/nT | 相关系数 $\gamma$ | 差值<1nT 的百分比/% |
| 黄羊(HYA)—古丰(GFE)(21km) | 1.0317 | 0.9904 | 82.64 | 5.0202 | 0.4977 | 24.72 |
| 黄羊(HYA)—横梁(HLI)(25.5km) | 1.1688 | 0.9867 | 57.5 | 4.8690 | 0.5286 | 36.53 |
| 古丰(GFE)—横梁(HLI)(47km) | 0.7921 | 0.9942 | 88.61 | 0.4623 | 0.9942 | 99.86 |

　　由图 5.14 可以直观地看出，古丰台站与横梁台站(距离 47km)无论是 $H$ 分量还是 $Z$ 分量，其日变化曲线均较为一致，$H$、$Z$ 分量的差值中误差分别为 0.7921nT、

0.4623 nT，而距二者均较近的黄羊台站日变化曲线(红色表示)表现出明显的差异性，尤其体现在 $Z$ 分量上，黄羊与古丰 $Z$ 分量的差值中误差为 5.0202 nT，与横梁为 4.8690 nT。这里虽然取了一天的日变化曲线，但并不是个例，而是每天均如此。由于测站间的位置非常靠近，所以基本可以排除来自高空磁层和电离层的外源变化场差异，应是黄羊测站的当地地质构造较台阵其他测站有较大的差异，比如地壳表层(沉积表层)，或地壳、上地幔的电导率不均匀性等造成的区域尺度的地球变化磁场差异性较大。地磁感应场在不同的磁场分量上有不同的表现，且地磁 $Z$ 分量与地下介质关系最为密切，所以，黄羊测站在地磁 $Z$ 分量上表现出的区域差异性最为明显。徐文耀[137]等亦研究了中国甘肃东部地区的地磁变化异常，发现在磁暴急始发生时，兰州和天水的记录在 $Z$ 分量变化上总是相反的。

目前小型地磁台阵的测站布局间距均较小，一般小于 100 km，布设于特定的感兴趣地质区域或者断裂带区域，目的是研究该区域的震磁效应。震磁效应的原理是，当地磁测站布局足够近时，可忽略地球变化磁场高空场源的空间分布变化，进而突出测站观测值中来自地下的因地质构造活动引起的变化。但是，天祝台阵中的黄羊台站在正常的地磁日变观测中就已经表现出与其他台站不同的变化特征，这似乎与建立地磁观测台阵的目的是相悖的。笔者认为黄羊台站的测点位置是否应该移动一下，以消去因地质构造差异造成的地球变化磁场明显差异性。

## 5.5　基于经纬度链(大、小尺度)地磁台站数据的区域尺度特性分析

文献[86]对大尺度纬度链和经度链地磁台站观测数据进行了定性分析，但研究对象仅是地磁 $Z$ 分量，并且空间尺度较大。因此，本节基于第三部分数据，对中纬度范围的经度链和纬度链地磁台站地球变化磁场 $H$、$Z$ 分量进行尺度特性分析(包括较大空间尺度和小尺度)。地球变化磁场的时空分布特性分析需要做较多的统计分析，因此，首先对大小尺度的经纬度台链 $H$、$Z$ 分量观测数据

进行全年统计分析，计算各台站的年通日变化。由于地球变化磁场具有明显的劳埃德季节变化，因此对各个台站数据计算了不同劳埃德季节的月通日变化。同时，为了较直观地显示及统计不同距离尺度的台站地磁分量差异性，对各个台站的连续 5 d 的地磁日变数据进行统计分析。

### 5.5.1　大尺度经度链特性分析

大尺度经度链附近台站包括满洲里(MZL)、北京(BJI)、武汉(WHN)和琼中(QGZ)，台站间最大纬度差约为 30.6°。地磁台站琼中(QGZ)、武汉(WHN)、北京(BJI)、满洲里(MZL)的纬度逐渐增大。图 5.15 所示为大尺度经度链附近各地磁台站 $H$、$Z$ 分量 1996 年通日变化曲线。表 5.13 所示为大尺度经度链附近各地磁台站 $H$、$Z$ 分量 1996 年通日变化的日变幅值。

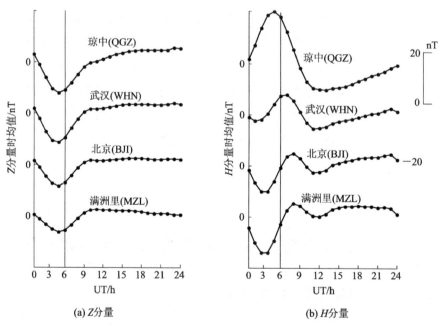

(a) Z分量　　　　　　　　　　(b) H分量

图 5.15　大尺度经度链各地磁台站 $H$、$Z$ 分量年通日变化曲线

由图 5.15 可以看出，对于年通日变化(代表地磁变化的全年平均特性)，在中纬度较大尺度下，南北纬度差约在 30.6° 的范围内(19°N~49.6°N)，不同地磁分量的日变曲线形态随纬度而异。由图 5.15(a)可以看出，对于地磁 $Z$ 分量，由于 4 个台站处于相同的经度链附近，所以其日变曲线相位基本相同，

但日变幅有所不同。由表 5.13 可知，纬度较高的台站，如满洲里(MZL)，日变幅较小，约 8.8nT，纬度较低的台站，如琼中(QGZ)，日变幅较大，约 17.7nT。由图 5.15(b)可以看出，对于地磁 $H$ 分量，4 个台站的日变曲线相位存在着显著的相位差，说明较大尺度同一经度链附近的地磁台站 $H$ 分量日变曲线的幅度与相位均与纬度有关，存在着明显的纬度效应。尤其琼中(QGZ)的 $H$ 分量日变曲线形态，其相位与幅度明显与其他 3 个台站不同，琼中(QGZ)台站的地理纬度为 19°N。由文献[132]可知，在曲线相位峰值点时刻，正是北半球 $S_q$ 电流涡焦点所在的纬度附近，故其幅值较大，且 $H$ 分量日变曲线相位在 $S_q$ 电流涡焦点处改变方向，$Z$ 分量曲线相位在赤道附近改变方向，图 5.15 所示与文献[132]所述一致。

表5.13　大尺度经度链附近各地磁台站 $H$、$Z$ 分量年通日变化的日变幅

| 地磁量 | 满洲里(MZL) | 北京(BJI) | 武汉(WHN) | 琼中(QGZ) |
|---|---|---|---|---|
| 地磁 $H$ 分量/nT | 19.3 | 15.0 | 13.1 | 31 |
| 地磁 $Z$ 分量/nT | 8.8 | 10.9 | 15.4 | 17.7 |

图 5.16 为大尺度经度链附近各地磁台站 $H$、$Z$ 分量在不同劳埃德季节下的月通日变化曲线。

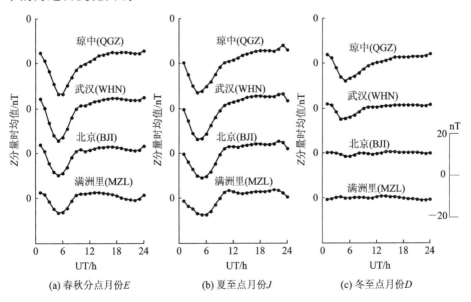

(a) 春秋分点月份$E$　　　　　(b) 夏至点月份$J$　　　　　(c) 冬至点月份$D$

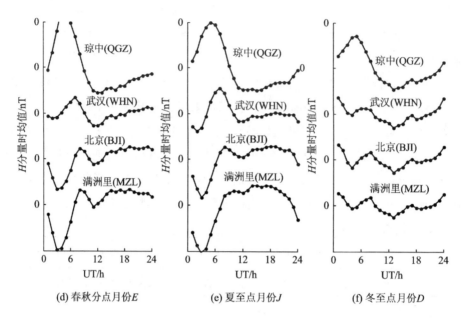

(d) 春秋分点月份E        (e) 夏至点月份J        (f) 冬至点月份D

图 5.16　大尺度经度链附近各地磁台站 H、Z 分量不同劳埃德季节的月通日变化曲线

　　图 5.16(a)～(c)分别为地磁 Z 分量 E、J、D 季节的曲线，图 5.16(d)～(f)分别为地磁 H 分量 E、J、D 季节的曲线。由图 5.16 可以看出，对于地磁 H、Z 分量，日变幅均在劳埃德季节的冬至点月份(D)较小，在夏至点月份(J)和春秋分点月份(E)较大，其原因在于地磁场产生变化的根源为太阳辐射效应和太阳微粒效应，冬季的日地距离最远，故日变幅最小。同时，由图 5.15 得出的地球变化磁场时空分布规律在图 5.16 亦有所体现，这里不再赘述。

　　图 5.17 所示为大尺度经度链附近各地磁台站 H、Z 分量连续 5 天的地磁变化曲线(UT 1996.01.01—1996.01.05)。对于地磁 Z 分量，如图 5.17(a)所示，各个台站日变曲线形态较为规则，且相位基本一致，日变幅值按纬度的减小逐渐增大。对于地磁 H 分量，如图 5.17(b)所示，各个台站日变曲线趋势大体一致，但形态较不规则，地磁扰动较多，说明 H 分量在地磁扰动上的效应最为明显，因此，单从考虑地磁扰动影响地磁导航的角度，最优地磁匹配分量应选为 Z 分量。

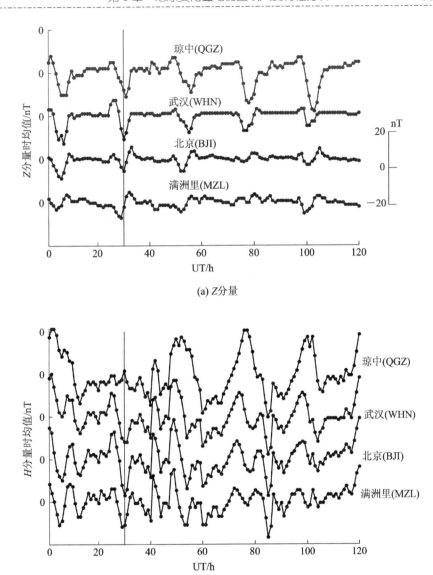

(a) Z 分量

(b) H 分量

图 5.17　大尺度经度链附近各地磁台站 H、Z 分量连续 5 d 的

地磁变化曲线(UT 1996.01.01—1996.01.05)

表 5.14 为不同纬度差(大尺度经度链，以满洲里(MZL)为基准台)地磁台站

H、Z 分量日变化的空间差异性。由表 5.14 可以看出，随着纬度差的增大，H、

$Z$ 分量的差值中误差 $\delta$ 逐渐增大，相关系数 $\gamma$ 和差值<1nT 百分比逐渐减小，说明随着空间距离的增大，日变化空间差异性逐渐增大。在纬差为 9.6°(北京(BJI)—满洲里(MZL))时，$H$ 分量的差值中误差 $\delta$ 达到 3.1369 nT，$Z$ 分量的差值中误差 $\delta$ 达到 1.9609 nT。同时还发现，在中纬度较大纬度差尺度范围内，由于存在地磁扰动，造成了地磁 $H$ 分量的空间差异性较 $Z$ 分量更大。而 5.4 节的研究表明，在局地尺度范围下(<200 km)，地磁 $Z$ 分量的空间差异性较 $H$ 分量更大。说明地磁 $H$、$Z$ 分量的空间差异性在不同空间尺度范围的规律是不同的，大尺度范围下 $H$ 分量更大，小尺度范围 $Z$ 分量更大。

表 5.14　大尺度经度链台站不同纬度差的 $H$、$Z$ 分量日变化空间差异性

| 大尺度经度链台站纬度差(以满洲里(MZL)为基准台) | $H$ 分量 | | | $Z$ 分量 | | |
|---|---|---|---|---|---|---|
| | 差值中误差 $\delta$/nT | 相关系数 $\gamma$ | 差值<1nT 的百分比/% | 差值中误差 $\delta$/nT | 相关系数 $\gamma$ | 差值<1nT 的百分比/% |
| BJI—MZL(9.6°) | 3.1369 | 0.8985 | 51.67 | 1.9609 | 0.5642 | 57.5 |
| WHN—MZL(19.1°) | 5.3103 | 0.7152 | 13.33 | 3.8902 | 0.2157 | 30.83 |
| QGZ—MZL(30.6°) | 9.3659 | 0.3994 | 4.17 | 6.1332 | 0.026 | 12.5 |

## 5.5.2　小尺度经度链特性分析

小尺度的经度链附近台站包括松山(SGS)、临夏(LXI)、成都(CDP)、美姑(MGU)、石门坎(SMK)，其南北纬度差约为 10.3°。地磁台站石门坎(SMK)、美姑(MGU)、成都(CDP)、临夏(LXI)、松山(SGS)的纬度逐渐增大。图 5.18 为小尺度经度链附近各地磁台站的 $H$、$Z$ 分量 2009 年通日变化曲线。表 5.15 为小尺度经度链附近各地磁台站 $H$、$Z$ 分量 2009 年通日变化的日变幅值。由图 5.18 可以看出，对于年通日变化(代表地磁变化的全年平均特性)，在中纬度较小尺度下，南北纬度差约在 10.2° 的范围内(26.9°N～37.1°N)，不同地磁分量的日变曲线形态基本相似。由图 5.18(a)可以看出，对于地磁 $Z$ 分量，由于 5 个台站处于相同的经度链附近，所以其日变曲线相位基本相同，且由于台站间纬度差较小，日变幅亦差别不大。由表 5.15 可知，纬度相对较高的台站松山 SGS，日变幅约 11.8 nT，纬度相对较低的台站石门坎(SMK)，日变

幅约 15.5 nT。由图 5.18(b)可以看出，对于地磁 $H$ 分量，5 个台站的日变曲线
相位与幅度基本相似，石门坎(SMK)台站的 $H$ 分量日变曲线相位与其他 4 个
台站略有不同，主要是因为石门坎台站在曲线相位峰值点时刻，正处于北半
球 $S_q$ 电流涡焦点所在的纬度附近，这也间接验证了地磁 $H$ 分量在小尺度范围
下的纬度效应。

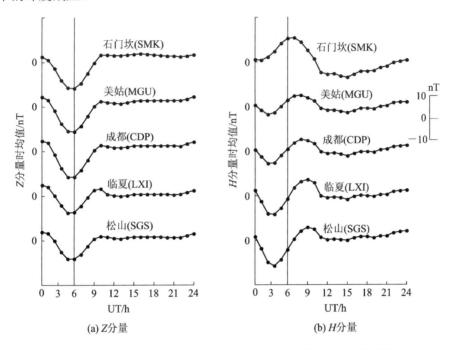

(a) $Z$ 分量　　　　　　　　　(b) $H$ 分量

图 5.18　小尺度经度链附近各地磁台站 $H$、$Z$ 分量年通日变化曲线

表 5.15　小尺度经度链附近各地磁台站 $H$、$Z$ 分量年通日变化的日变幅

| 地磁分量 | 松山(SGS) | 临夏(LXI) | 成都(CDP) | 美姑(MGU) | 石门坎(SMK) |
|---|---|---|---|---|---|
| $H$ 分量/nT | 17.1 | 15.6 | 16.2 | 8.6 | 17.9 |
| $Z$ 分量/nT | 11.8 | 12.6 | 16.2 | 15.4 | 15.5 |

图 5.19 所示为小尺度经度链附近各地磁台站 $H$、$Z$ 分量在不同劳埃德季节
下的月通日变化曲线，其中图 5.19(a)～(c)分别为地磁 $Z$ 分量 $E$、$J$、$D$ 季节的
曲线，图 5.19(d)～(f)分别为地磁 $H$ 分量 $E$、$J$、$D$ 月份的曲线。

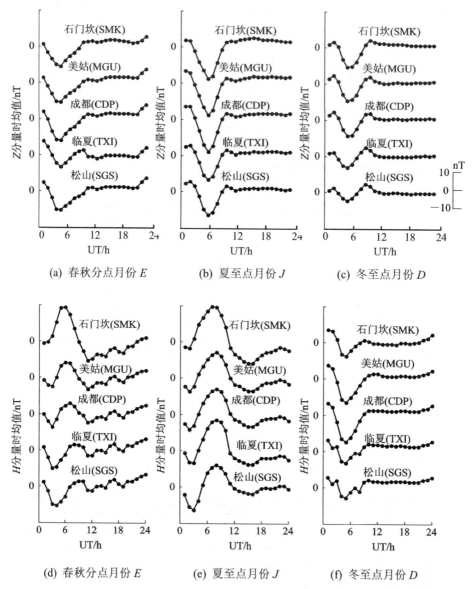

图 5.19　小尺度经度链附近各地磁台站 *H*、*Z* 分量不同劳埃德季节的月通日变化曲线

　　由图 5.19 同样发现，对于地磁 *H*、*Z* 分量，日变幅均在劳埃德季节的冬至点月份 *D* 较小，在夏至点月份 *J* 和春秋分点月份 *E* 较大，其原因已在 5.5.1 节阐述。此外，由图 5.19(d) 和图 5.19(e) 发现，对于地磁 *H* 分量，5 个台站的相

位与幅度有所不同，说明其纬度效应在春秋分点月份与夏至点月份更为明显。

　　图 5.20 为小尺度经度链附近各地磁台站 $H$、$Z$ 分量连续 5 d 的地磁变化曲线(UT 2009.03.09—2009.03.13)。对于地磁 $Z$ 分量，如图 5.20(a)所示，各个台站日变曲线形态较为规则，且相位基本一致，日变幅值差别亦不大。对于地磁 $H$ 分量，如图 5.20(b)所示，各个台站日变曲线趋势大致一致，但形态较不规则，地磁扰动较多，说明 $H$ 分量在地磁扰动上的效应最为明显。

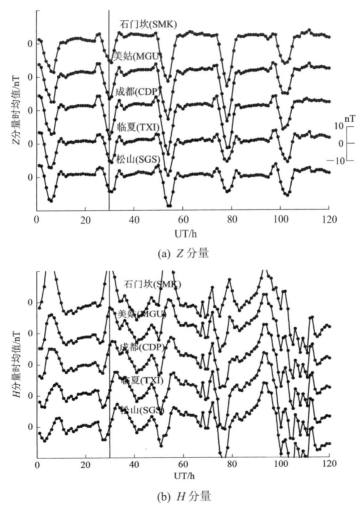

(a) $Z$ 分量

(b) $H$ 分量

图 5.20　小尺度经度链附近各地磁台站 $H$、$Z$ 分量连续 5 d 的地磁变化曲线

(UT 2009.03.09—2009.03.13)

　　表 5.16 为不同纬度差(小尺度经度链,以松山(SGS)为基准台)地磁 $H$、$Z$ 分量日变化的空间差异性。由表 5.16 可以看出,随着纬度差的增大,$H$、$Z$ 分量的差值中误差 $\delta$ 逐渐增大,相关系数 $\gamma$ 和差值<1 nT 的百分比逐渐减小,说明随着空间距离的增大,日变化空间差异性逐渐增大。同时还发现,在中纬度较小纬度差尺度范围内,地磁 $H$ 分量的空间差异性较 $Z$ 分量更大,说明当纬度差大于一定范围时,$H$ 分量的区域差异性更为突出。

表 5.16　小尺度经度链台站不同纬度差的 $H$、$Z$ 分量日变化空间差异性

| 小尺度经度链台站纬度差(以松山(SGS)为基准台) | $H$ 分量 | | | $Z$ 分量 | | |
|---|---|---|---|---|---|---|
| | 差值中误差 $\delta$/nT | 相关系数 $\gamma$ | 差值<1nT 的百分比/% | 差值中误差 $\delta$/nT | 相关系数 $\gamma$ | 差值<1nT 的百分比/% |
| LXI—SGS(1.49°) | 1.8257 | 0.9869 | 62.5 | 0.9567 | 0.9845 | 74.17 |
| CDP—SGS(6.11°) | 4.6338 | 0.9094 | 9.17 | 3.3684 | 0.9196 | 29.17 |
| MGU—SGS(8.79°) | 6.6083 | 0.8226 | 4.17 | 3.7871 | 0.8889 | 21.67 |
| SMK—SGS(10.26°) | 11.7984 | 0.5353 | 4.17 | 4.1668 | 0.8631 | 21.67 |

## 5.5.3　大尺度纬度链特性分析

　　大尺度的纬度链附近台站包括拉萨(LSA)、成都(CDP)、武汉(WHN)、佘山(SSH),台站间最大经度差约为 30.2°。图 5.21 为大尺度纬度链附近各地磁台站 $H$、$Z$ 分量 1996 年通日变化曲线。表 5.17 为大尺度经度链附近各地磁台站 $H$、$Z$ 分量 1996 年通日变化的日变幅值。

　　由图 5.21 可以看出,对于年通日变化(代表地磁变化的全年平均特性),在中纬度较大尺度下,东西经度差约在 30.2° 的范围内(91° E～121.2° E),不同地磁分量的日变曲线形态基本相似,说明地磁场日变化的经度效应较纬度效应并不突出。由图 5.21(a)可以看出,对于地磁 $Z$ 分量,台站间的最大日变幅值差别很小,数值结果可从表 5.17 得出。但最东边台站佘山(SSH)与最西边台站拉萨(LSA)的日变曲线存在着 2h 的相位差,说明在大尺度范围下,同纬度台站的地磁日变曲线时差(地方时)效应是很明显的,可以通过平移近似得到同纬度台站的地磁 $Z$ 分量日变曲线。由图 5.21(b)可以看出,对于地磁 $H$ 分量,4 个台站

的日变曲线形态无论是日变幅还是相位均非常一致,说明同纬度的 $H$ 分量不存在时差(地方时)效应,空间差异性很小。这一规律启发我们在规划地磁导航路线时,若是沿地理东西向飞行,当地磁扰动较小时,可以考虑将地磁匹配最佳分量选为 $H$ 分量。同时,这也是计算衡量磁暴强度的 $D_{st}$ 指数和衡量地磁扰动大小 $K_p$ 指数选用 $H$ 分量的原因。

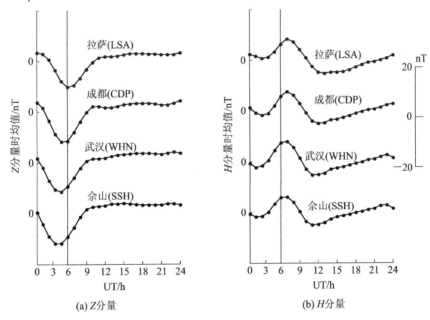

(a) $Z$ 分量  (b) $H$ 分量

图 5.21 大尺度纬度链附近各地磁台站 $H$、$Z$ 分量年通日变化曲线

表 5.17 大尺度纬度链附近各地磁台站 $H$、$Z$ 分量年通日变化的日变幅

| 地磁分量 | 佘山(SSH) | 武汉(WHN) | 成都(CDP) | 拉萨(LSA) |
|---|---|---|---|---|
| $H$ 分量/nT | 11.1 | 13.1 | 12.5 | 13.7 |
| $Z$ 分量/nT | 15.7 | 15.4 | 16.2 | 13.7 |

图 5.22 为大尺度纬度链附近各地磁台站 $H$、$Z$ 分量在不同劳埃德季节下的月通日变化曲线,其中图 5.22(a)~(c)分别为地磁 $Z$ 分量 $E$、$J$、$D$ 月份的曲线,图 5.22(d)~(f)分别为地磁 $H$ 分量 $E$、$J$、$D$ 月份的曲线。由图 5.22 同样可以看出,对于地磁 $H$、$Z$ 分量,日变幅均在劳埃德季节的冬至点月份 $D$ 较小,在夏至点月份 $J$ 和春秋分点月份 $E$ 较大,同时,由图 5.21 得出的地球变化磁场时

空分布规律在图5.22亦有所体现，这里不再赘述。

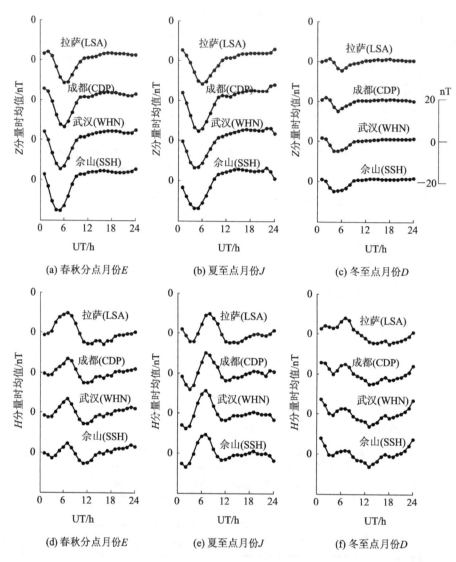

(a) 春秋分点月份E　　　　(b) 夏至点月份J　　　　(c) 冬至点月份D

(d) 春秋分点月份E　　　　(e) 夏至点月份J　　　　(f) 冬至点月份D

图5.22　大尺度纬度链附近各地磁台站H、Z分量不同劳埃德季节的月通日变化曲线

　　图5.23为大尺度纬度链各地磁台站H、Z分量连续5 d的地磁变化曲线(UT 1996.01.01—1996.01.05)。对于地磁Z分量，如图5.23(a)所示，各个台站日变曲线形态较为规则，日变幅值差别不大，仅存在着相位差。对于地磁H分量，如图5.23(b)所示，各个台站日变曲线趋势大体一致，但形态较不规则，地磁扰

动较多，说明 $H$ 分量在地磁扰动上的效应最为明显。

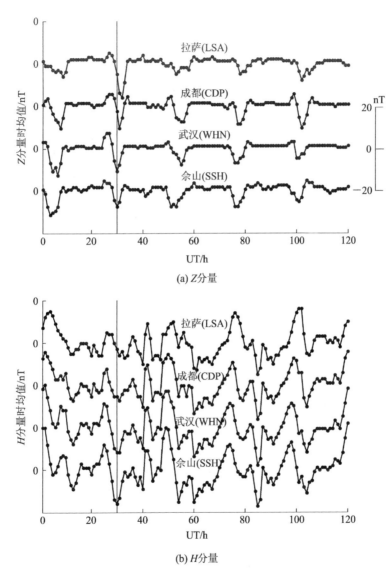

(a) $Z$ 分量

(b) $H$ 分量

图 5.23 大尺度纬度链附近各地磁台站 $H$、$Z$ 分量连续 5 d 的
地磁变化曲线(UT 1996.01.01—1996.01.05)

表 5.18 为不同经度差(大尺度纬度链，以佘山(SSH)为基准台)地磁 $H$、
$Z$ 分量日变化的空间差异性。

表 5.18　　大尺度纬度链台站不同纬度差的 H、Z 分量日变化空间差异性

| 大尺度纬度链台站经度差(以佘山(SSH)为基准台) | H 分量 | | | Z 分量 | | |
|---|---|---|---|---|---|---|
| | 差值中误差 δ/nT | 相关系数 γ | 差值<1nT 的百分比/% | 差值中误差 δ/nT | 相关系数 γ | 差值<1nT 的百分比/% |
| WHN—SSH(6.6°) | 1.9590 | 0.9702 | 45 | 2.2825 | 0.7541 | 55 |
| CDP—SSH(17.5°) | 4.0397 | 0.8647 | 20.83 | 3.5781 | 0.4074 | 40.83 |
| LSA—SSH(30.2°) | 6.9808 | 0.5641 | 12.50 | 3.6228 | 0.3609 | 35.83 |

由表 5.18 可以看出，随着经度差的增大，H、Z 分量的差值中误差 δ 逐渐增大，相关系数 γ 和差值<1 nT 的百分比逐渐减小，说明随着空间距离的增大，日变化空间差异性逐渐增大。此外，WHN—SSH 经度差为 6.6°，距离约为 634 km，根据表 5.18 中 WHN—SSH 的差值中误差和相关系数，并与表 5.3 进行对比，发现中纬度区域的地磁台站作为日变站在东西向(经度方向)的控制范围更大。同时发现，在中纬度较大经度差尺度范围内，由于存在地磁扰动，造成了地磁 H 分量的空间差异性较 Z 分量更大。

### 5.5.4　小尺度纬度链特性分析

小尺度的纬度链附近台站包括成都(CDP)、天星(TXI)、荆竹(JZH)，其东西经度差约为 5.8°。图 5.24 为小尺度纬度链附近各地磁台站 H、Z 分量 2009 年通日变化曲线，表 5.19 为小尺度纬度链附近各地磁台站 H、Z 分量 2009 年通日变化的日变幅值。对于年通日变化(代表地磁变化的全年平均特性)，在中纬度较小尺度下，东西经度差约在 5.8° 的范围内(103.7° E～109.5° E)，不同地磁分量的日变曲线形态基本相似，同时，由于东西向尺度较小，同纬度链的各台站地磁 Z 分量时差(地方时)效应并不突出。

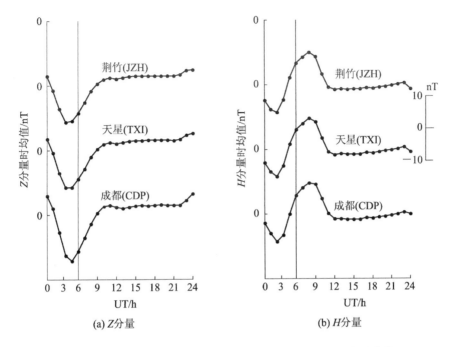

图 5.24 小尺度纬度链附近各地磁台站 $H$、$Z$ 分量年通日变化曲线

表 5.19 小尺度纬度链附近各地磁台站 $H$、$Z$ 分量年通日变化的日变幅

| 地磁分量 | 荆竹(JZH) | 天星(TXI) | 成都(CDP) |
|---|---|---|---|
| $H$ 分量/nT | 18.6 | 18 | 18.3 |
| $Z$ 分量/nT | 16.1 | 16.7 | 20.6 |

图 5.25 为小尺度纬度链各地磁台站 $H$、$Z$ 分量在不同劳埃德季节下的月通日变化曲线，其中图 5.25(a)～(c)分别为地磁 $Z$ 分量 $E$、$J$、$D$ 月份的曲线，图 5.25(d)～(f)分别为地磁 $H$ 分量 $E$、$J$、$D$ 月份的曲线。由图 5.25 同样可以看出，对于地磁 $H$、$Z$ 分量，日变幅均在劳埃德季节的冬至点月份 $D$ 较小，在夏至点月份 $J$ 和春秋分点月份 $E$ 较大。

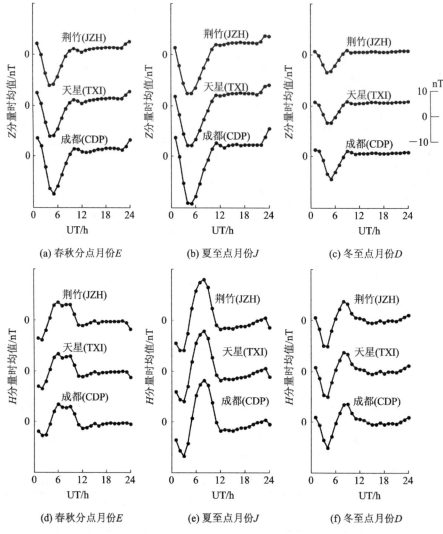

(a) 春秋分点月份E　　　　(b) 夏至点月份J　　　　(c) 冬至点月份D

(d) 春秋分点月份E　　　　(e) 夏至点月份J　　　　(f) 冬至点月份D

图 5.25　小尺度纬度链附近各地磁台站 H、Z 分量不同劳埃德季节的月通日变化曲线

　　图 5.26 所示为小尺度纬度链附近各地磁台站 H、Z 分量连续 5 d 的地磁变化曲线(UT 2009.04.19—2009.04.23)。对于地磁 Z 分量，如图 5.26(a)所示，各个台站日变曲线形态较为规则，日变幅值差别不大，同时，由于东西向尺度较小，几乎不存在相位差。对于地磁 H 分量，如图 5.26(b)所示，各个台站日变曲线趋势大体一致，但形态较不规则，地磁扰动较多，说明 H 分量在地磁扰动上的效应最为明显。

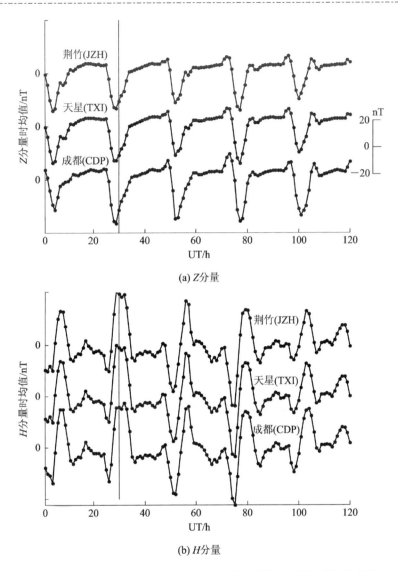

(a) Z分量

(b) H分量

图 5.26　小尺度纬度链附近各台站 H、Z 分量连续 5 d 的地磁变化曲线

(UT 2009.04.19—2009.04.23)

　　表 5.20 为不同经度差(小尺度纬度链,以荆竹(JZH)为基准台)地磁 H、Z 分量日变化的空间差异性,可以看出,随着经度差的增大,H、Z 分量的差值中误差 $\delta$ 逐渐增大,相关系数 $\gamma$ 和差值<1 nT 的百分比逐渐减小,说明随着空间距离的增大,日变化空间差异性逐渐增大。此外,成都(CDP)—荆竹(JZH)经度

差为 5.82°，距离约为 556 km，根据表 5.20 中成都(CDP)—荆竹(JZH)的差值中误差和相关系数，并与表 5.3 进行对比，同样发现中纬度区域的地磁台站作为日变站在东西向(经度方向)的控制范围更大。同时还发现，在中纬度较小经度差尺度范围内，由于存在地磁扰动，造成了地磁 $H$ 分量的空间差异性较 $Z$ 分量更大，说明当经度差大于一定范围时，$H$ 分量的区域差异性更为突出。

表 5.20　小尺度纬度链台站不同纬度差的 $H$、$Z$ 分量日变化空间差异性

| 小尺度纬度链台站经度差(以荆竹(JZH)为基准台) | $H$ 分量 | | | $Z$ 分量 | | |
|---|---|---|---|---|---|---|
| | 差值中误差 $\delta$/nT | 相关系数 $\gamma$ | 差值<1nT 的百分比/% | 差值中误差 $\delta$/nT | 相关系数 $\gamma$ | 差值<1nT 的百分比/% |
| TXI—JZH(1.05°) | 0.4808 | 0.9986 | 94.17 | 0.4744 | 0.9958 | 92.5 |
| CDP—JZH(5.82°) | 1.7996 | 0.9759 | 61.67 | 2.3076 | 0.9204 | 62.5 |

# 5.6　本章小结

本章基于所设计的区域尺度观测实验、国家地磁台网和中国地震局提供的地磁台阵数据，以较充分的实际观测数据对中纬度地区(大概在 20°N 至 50°N 之间)$F$、$H$、$Z$ 分量地磁日变的区域尺度特性(包括距离不大于 200 km 的局地尺度)进行了分析，主要得到以下结论：

(1) 区域范围内，较小的尺度(小于 100 km)，不同测点的地磁日变化在日变形态、日变幅、极值及极值时间等均具有较好的一致性，但若从数值上研究两两测站之间的差异性(均方差，相关系数等)，则呈现出一定的地域和时间上的随机性。随着空间距离的增大，测站间的日变差异性逐渐体现出来，在同一纬度上，不同经度的测站之间会有一定的时差，日变曲线出现了一定的相位平移；在相同的空间距离上，处于同经度的两测站日变差异性比同纬度的要大，验证了地磁场日变化主要随纬度变化的观点，且日变差异在白天较大，晚上较小，特别是在日变幅度较大的时段，如正午前后，两测站地磁日变曲线差异尤为显著。

(2) 在同纬度上，当空间尺度较小时，地磁日变时差的影响可以忽略，若仍

进行相位平移(即时间上的平移)以进行地磁日变改正,反而可能会降低日变改正的精度,所以时差改正法在较小空间尺度上(如 100 km)不是很准确,不可用。但是,随着空间尺度的增大,对于地磁 $Z$ 分量,时差改正法的作用有所体现。此外,同纬度的 $H$ 分量无论是较大尺度还是较小尺度,均不存在时差效应。

(3) 当空间尺度较小时,指纬距和经距不大于 200 km,$Z$ 分量的区域差异性比 $H$ 分量要大,而当空间尺度较大时,根据 5.5 节的分析结果,当经距和纬距大于一定范围时,$H$ 分量的区域差异性比 $Z$ 分量更大。

(4) 从不同精度要求下的日变站有效控制范围虽然可以得出一个大概结论,但由于区域范围内的地质结构等因素不同,并不能一概而论地确定其有效控制范围,因此,日变观测站在不同地磁分量上的有效控制范围不同。

(5) 地磁日变化空间差异性随季节性的变化是比较明显的,在冬至点月份 $D$ 均方差比较小,在春秋分点月份 $E$ 次之,在夏至点月份 $J$ 最大,与徐文耀等[1]总结的 $S_q$ 的季节变化规律类似($S_q$ 有明显的季节变化,表现出夏季大,冬季小的特点)。

(6) 甘肃天祝台阵中的黄羊台站在正常的地磁日变观测中就表现出与其他台站不同的变化特征,这与建立地磁观测台阵的目的是相悖的,笔者认为黄羊台站的测点位置是否应该移动一下,以消去因地质构造差异造成的地球变化磁场明显差异性。

(7) 地磁日变数据的区域尺度特性分析需要做更多的统计分析。

# 第6章
# 区域地球变化磁场的Kriging重构模型

## 6.1　引　　言

区域地球变化磁场重构是实现地球变化磁场现报/预报的关键问题。从统计意义上说，Kriging(克里格)法[138]是一种地质统计学方法，是基于区域变量的相关性，在有限区域内对其取值进行最优估计的方法，可用来进行地球物理参量的区域重构。已有学者基于 Kriging 法进行了电离层相关参数(如电离层 F2 层临界频率 $f_0$(F2)、电离层 TEC)的区域重构问题研究[97-98]，并取得了较好的效果。Kriging 法的适用条件是区域化变量存在空间相关性，而地球变化磁场是一种空间场，且一个地磁测站的观测数据能够以一定精度表达一片区域的变化磁场，因此，将地球变化磁场当作区域化变量并作为 Kriging 法的应用对象也是合适的。本章基于区域地球变化磁场的时空特性，提出了一种基于改进 Kriging 法的区域地球变化磁场重构模型，重构实例以三维的形式纬度、经度、时间展示了地球变化磁场 $Z$ 分量的变化，合理地反映了其时空变化特性，因此可将该重构模型应用于区域地球变化磁场 $Z$ 分量的综合预测模型中。

## 6.2　基于改进 Kriging 法的区域地球变化磁场
## 重构方法及精度评估

### 6.2.1　区域地球变化磁场的改进 Kriging 重构方法

将 Kriging 法用于地球变化磁场区域重构。设 $B(x, y)$ 为地球变化磁场的某个地磁分量,已知区域内 $n$ 个地磁台站的地球变化磁场在某地的磁分量值 $B(x_i, y_i), i = 1, 2, 3, \cdots, n$,则区域内任一点 $(x_0, y_0)$ 的 Kriging 估计量 $B_p(x_0, y_0)$ 可表示为

$$B_p(x_0, y_0) = \sum_{i=1}^{n} W_i B(x_i, y_i) \tag{6.1}$$

其中,$W_i$ 为权重系数。

Benkova[139]指出,在一定空间范围内,地球变化磁场的差异性在经度和纬度方向上是不同的,纬度效应较经度效应更大,两者大约差一个量级。Stanislawska[140-141]对 Kriging 法进行了改进,引入了电离层距离,并进行了欧洲地区的电离层区域重构。因此,对算法中的空间距离进行了改进,从而更好地将 Kriging 法用于地球变化磁场区域重构。对于空间两点 $i(x_i, y_i)$ 和 $j(x_i, y_i)$,引入地球变化磁场距离 $d_{ij}$,定义为

$$d_{ij} = \sqrt{[\mathrm{Lon}(i) - \mathrm{Lon}(j)]^2 + [\varepsilon \times (\mathrm{Lat}(i) - \mathrm{Lat}(j))]^2} \tag{6.2}$$

$\mathrm{Lon}(i)$ 和 $\mathrm{Lat}(i)$ 分别为 $i$ 点的经纬度,$\varepsilon$ 为尺度因子。文献[98]在电离层参数 $f_0(\mathrm{F2})$ 重构时指出尺度因子大多取 2。由于地球变化磁场随空间的分布在经向和纬向的区别,纬度效应较经度大一个数量级[139],综合考虑,选取 $\varepsilon = 10$。

变异函数模型选取较简单的线性型:

$$\gamma(x_i, y_i; x_j, y_j) = \gamma(d_{ij}) = k d_{ij} \tag{6.3}$$

则,区域地球变化磁场重构的克里格方程组:

$$\begin{cases} \sum_{j=1}^{n} d_{ij} W_j + \mu = d_{i0}, i = 1, 2, 3, \cdots, n \\ \sum_{i=1}^{n} W_j = 1 \end{cases} \tag{6.4}$$

## 6.2.2 重构精度评估

这里使用交叉验证法来检验区域地球变化磁场重构模型的精度,即假设某

地磁测站的地球变化磁场的磁分量值未知，基于除该测站之外的区域内其他测站的观测值做 Kriging 估计，则重构误差 $\sigma$ 可表示为

$$\sigma = \sqrt{\frac{1}{N-1}\sum_{i=1}^{N}[Z_{\text{Estimation}} - Z_{\text{Measure}}]^2} \tag{6.5}$$

$\sigma$ 值的大小可作为衡量重构模型精度的标准，其中 $Z_{\text{Estimation}}$ 为测站的估计值，$Z_{\text{Measure}}$ 为测站的实际观测值，$N$ 为参加评估的样本数。

## 6.3　区域地球变化磁场重构实验

### 6.3.1　数据说明

采用第 2 章整理的地磁测站数据，在 (101.0° E～111° E, 30° N～40° N) 区域内，选取了 8 个地磁台站 (榆林(YUL)、乾陵(QIX)、银川(YCB)、天星(TXI)、临夏(LXI)、松山(SGS)、天水(TSY)、成都(CDP))2009 年实测数据用于该区域内的地球变化磁场重构。图 6.1 为所选区域的地磁测站位置示意图。

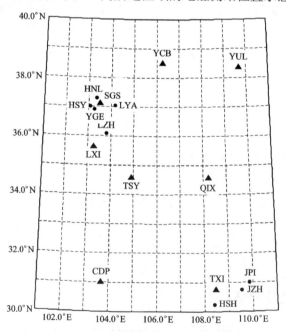

图 6.1　所选区域地磁测站的位置示意图

地球变化磁场 $Z$ 分量在时间上的演化规律主要随地方时进行变化，每天的变化趋势大概可以描述为：午夜时段(CST 02:00)地磁变化曲线较为平缓，在太阳升起前一段时间(一般到 CST 08:00)，地磁 $Z$ 分量逐渐增大，此后，随着太阳高度角的逐渐增大，地磁 $Z$ 分量逐渐减小，一直到正午(CST 12:00 左右)，地磁 $Z$ 分量达到最低点，再之后地磁 $Z$ 分量开始逐渐增大，一直到日落(CST 20:00)，地磁 $Z$ 分量趋于平缓。这里 CST(China Standard Time)指的是北京时间，如图 6.2 所示。

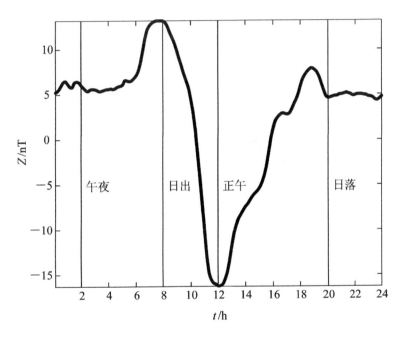

图 6.2　地球变化磁场 $Z$ 分量日变曲线

(成都台站，2009.08.13 CST 00:00—24:00)

因此，我们选取了四个典型时刻(CST 08:00(日出)、CST 12:00(午后)、CST 20:00(日落)、CST 02:00(午夜))进行区域地球变化磁场 $Z$ 分量的重构。为了更准确地描述这四个典型时刻的 $Z$ 分量重构平面示意图，将典型时刻前后 5 min 共 10 min 的数据段取平均，作为该典型时刻的地球变化磁场 $Z$ 分量观测值。

### 6.3.2　重构实例

　　基于改进的 Kriging 法，根据(101.0° E～111° E，30° N～40° N)区域内 8 个地磁台站实测地球变化磁场 $Z$ 分量值，以 $30' \times 30'$ 为格网，重构区域地球变化磁场，并绘出地磁 $Z$ 分量的等值线图。图 6.3～图 6.6 分别给出了该区域 4 个典型时刻的实测 $Z$ 分量重构示意图，时间点分别为 2009.08.18 CST 08:00(日出)、CST 12:00(正午)、CST 20:00(日落)、2009.08.19 CST 02:00(午夜)。图 6.3～图 6.6 中三角形代表地磁台站，三角形旁边的数字为相应典型时刻的实际地球变化磁场 $Z$ 分量值，等值线上的数字代表着等值线的标号值。

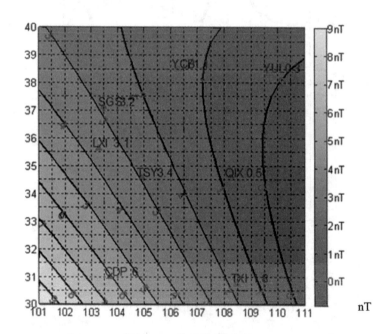

图 6.3　2009.08.18 CST 08:00(日出)地球变化磁场 $Z$ 分量重构示意图

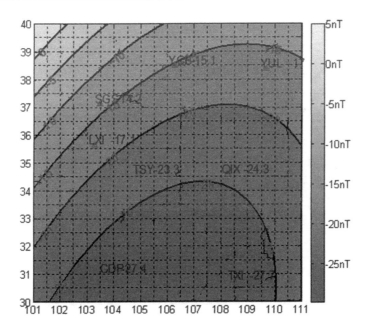

图 6.4　2009.08.18 CST 12:00(正午)地球变化磁场 $Z$ 分量重构示意图

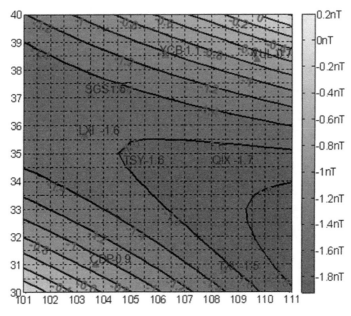

图 6.5　2009.08.18 CST 20:00(日落)地球变化磁场 $Z$ 分量重构示意图

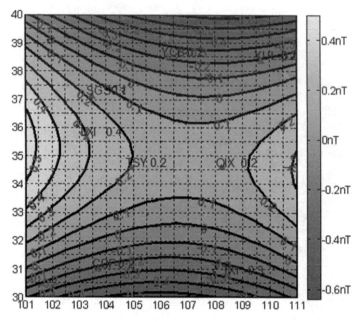

图 6.6　2009.08.19 CST 02:00(午夜)地球变化磁场 $Z$ 分量重构示意图

　　结果分析：图 6.3 为 2009.08.18 CST 08:00(日出)的重构示意图，由于太阳从东方升起，所以从图 6.3(a)可以看出，等值线数值从东向西递增，东西向梯度较显著。图 6.4 为 2009.08.18 CST 12:00(正午)的重构图像，由于太阳高度角比较大，地球变化磁场 $Z$ 分量绝对值整体较大，且等值线数值从北向南递增，南北向梯度较显著，在 25°N 附近达到最大值，说明此时此地正处于北半球 $S_q$ 电流涡焦点处。图 6.5 和图 6.6 分别为 2009.08.18 CST 20:00(日落)和 2009.08.19 CST 02:00(午夜)的重构图像，此时已处于夜晚，所以等值线数值较小。可见，用 Kriging 方法重构区域范围的地球变化磁场 $Z$ 分量，能以三维的形式(时间、纬度、经度)展示地球变化磁场 $Z$ 分量的变化，合理地反映了地球变化磁场的时空变化特性，可将该重构模型应用于区域地球变化磁场 $Z$ 分量的综合预测模型中。

## 6.4　区域地球变化磁场重构误差分析

　　本节对区域地球变化磁场 $Z$ 分量重构模型的准确性进行评估分析。因地球变化磁场具有明显的劳埃德(Lloyd)季节变化，且每天的地磁活动情况均不同，所以为了更全面直观地说明地球变化磁场 $Z$ 分量的区域重构效果，表 6.1～表 6.3 及图 6.7～图 6.9 分别给出了该区域 2009 年 8 月 4 个典型时刻、2009 年 3 个不同劳埃德月份以及不同地磁活动水平的平均重构误差结果及示意图。

表 6.1　区域地球变化磁场 $Z$ 分量重构误差(2009 年 8 月 4 个典型时刻)　单位: nT

| 典型时刻 | YUL | TSY | QIX | YCB | TXI | LXI | SGS | CDP |
|---|---|---|---|---|---|---|---|---|
| CST 08:00(日出) | 2.52 | 1.98 | 2.09 | 2.36 | 3.48 | 2.68 | 2.77 | 3.23 |
| CST 12:00(正午) | 3.63 | 2.55 | 2.97 | 3.34 | 4.54 | 3.79 | 3.55 | 4.35 |
| CST 20:00(日落) | 1.84 | 1.40 | 1.56 | 1.79 | 2.36 | 2.05 | 1.88 | 1.85 |
| CST 02:00(午夜) | 0.76 | 0.55 | 0.41 | 0.81 | 1.15 | 0.98 | 0.85 | 0.97 |

表 6.2　区域地球变化磁场 $Z$ 分量平均重构误差(不同劳埃德季节)　单位: nT

| 劳埃德季节 | YUL | TSY | QIX | YCB | TXI | LXI | SGS | CDP |
|---|---|---|---|---|---|---|---|---|
| 2009.08($J$) | 2.64 | 2.02 | 2.13 | 2.42 | 3.13 | 2.71 | 2.75 | 3.04 |
| 2009.10($E$) | 2.21 | 1.86 | 1.97 | 2.15 | 2.89 | 2.29 | 2.38 | 2.81 |
| 2009.12($D$) | 1.84 | 1.53 | 1.71 | 1.90 | 2.56 | 2.07 | 2.11 | 2.56 |

表 6.3　区域地球变化磁场 $Z$ 分量平均重构误差(不同地磁活动情况)　单位: nT

| 地磁活动情况 | YUL | TSY | QIX | YCB | TXI | LXI | SGS | CDP |
|---|---|---|---|---|---|---|---|---|
| 平静活动期($A_p$=2)<br>(2009.08.14—2009.08.18) | 2.08 | 1.57 | 1.62 | 1.71 | 2.56 | 1.82 | 1.93 | 2.64 |
| 中等活动期($A_p$=3)<br>(2009.08.24—2009.08.28) | 2.41 | 1.95 | 1.85 | 1.93 | 2.74 | 2.02 | 2.36 | 2.92 |
| 高活动期($A_p$=6.6)<br>(2009.08.19—2009.08.23) | 3.05 | 2.61 | 2.53 | 2.47 | 3.50 | 2.84 | 3.07 | 3.39 |

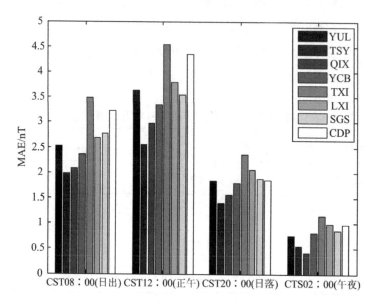

图 6.7　区域地球变化磁场 Z 分量重构误差(2009 年 8 月 4 个典型时刻)

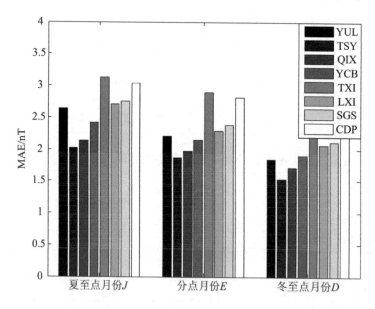

图 6.8　区域地球变化磁场 Z 分量重构误差(2009 年 3 个不同劳埃德月份)

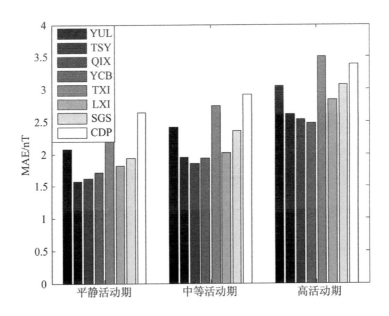

图 6.9　区域地球变化磁场 $Z$ 分量重构误差(不同地磁活动水平)

　　对重构结果进行分析发现：地磁场本身的变化、地磁活动水平和台站布局是区域重构误差的主要来源。对于第一个因素，根据地球变化磁场的日变特性，午夜 $Z$ 分量的数值较小，且变化比较稳定，因此重构误差较小，而在正午时，磁层—电离层电流体系强度较大，$Z$ 分量绝对值较大，重构误差也就大，从表 6.1 及图 6.7 可以直观看出。对于第二个因素，不同的地磁活动水平影响着区域地球变化磁场的重构精度，从长时间范围看，主要体现在不同的劳埃德季节方面，地磁夏至点月份($J$)误差较大，地磁春秋分点月份($E$)误差次之，地磁冬至点月份($D$)误差最小，其根源为日地距离不同引起的辐射不同，由表 6.2 和图 6.8 也可以直观看出。从短时间范围来看，重构误差正比于地磁活动水平，地磁活动较剧烈时，重构误差较大，比如发生大的地磁扰动，甚至磁暴，这从表 6.3 和图 6.9 就可以直观看出。对于第三个因素，从表 6.1～表 6.3 和图 6.7～图 6.9 均可以看出，若一个台站的周围有多个台站，且形成包围布局，重构误差则较小，比如天水(TSY)和乾陵(QIX)，反之，若台站处于区域边缘，则误差较大。

# 6.5　本　章　小　结

　　本章基于区域地球变化磁场的时空特性，提出了一种基于改进 Kriging 法的区域地球变化磁场重构模型，重构实例以三维的形式(纬度、经度、时间)展示了地球变化磁场 $Z$ 分量的变化，合理地反映了地球变化磁场的时空变化特性，可将该重构模型应用于区域地球变化磁场 $Z$ 分量的综合预测模型中。

# 第7章
# 基于区域重构的地球变化磁场综合预测模型

## 7.1 引 言

变化磁场的直接起源是空间电流体系，所以对变化磁场建模的传统方法是：通过有限的观测数据加上必要的理论约束以及物理方程，建立空间电流体系模型，再基于空间电流体系模型得到地球变化磁场。这些模型在描述大尺度范围变化磁场的分布及特性方面有着重要作用。但是，由于观测资料的限制以及物理过程本身的复杂性，这种大尺度的空间电流体系模型研究周期长，难度大，比如国际上最新的第四代地磁场综合模型，其时间分辨率为 6 h[11]，难以满足地磁导航的需求。空间电流体系的模型主要有：描述内磁层和中磁层大尺度电动力学过程的 Rice 对流模型[142]，针对高纬电离层电势的 Weimer 场向电流模型[143]，Jordanova 环电流动力模型[144]，Michigan 大学研制的 AMIE 模型[145]，Tsyganenko 模型[146-147]等。在这些模型的基础上，杜爱民等[148]研究了在不同磁扰条件下，地面磁场的时空分布和变化规律。

高斯球谐分析方法可基于全球地磁台网资料对全球的变化磁场进行建模，一些区域地磁异常的分析方法，如矩谐分析等，原则上均可用于局域台网的变化磁场分析。但是，总的来说，这些模型描述的都是变化磁场大尺度的时空分布特征，较难满足高精度地磁导航与定位的需求。

变化磁场建模不同于稳定磁场建模，稳定磁场中的地壳磁异常场空间分布复杂但时间演化上较稳定，小至一块磁性岩石，大至整个地壳，都有其特有的磁场分布，因此，要建立稳定磁场模型，需要大量的空间采样点。而地球变化磁场虽然也具有复杂的空间分布与时间演化，但其规律性也较明显，因此一个地磁观测站能够以一定精度表达一片区域的变化磁场，如果再利用区域内多个地磁测站，则能以更高精度表达较大区域的变化磁场，循此规律性，利用现代智能信号处理方法辅以地质统计学理论，就可对变化磁场进行较高精度的预测。

# 7.2　建模方法

基于区域重构的地球变化磁场短时预测由两部分组成：单站地球变化磁场短时预测和区域地球变化磁场重构。第 4 章已对单站地球变化磁场的 MEEMD-SampEn-ESN 预测模型进行了研究，再结合第 6 章的区域地球变化磁场重构模型研究，即将时域上的单站地球变化磁场 $Z$ 分量预测和空间域上的区域地球变化磁场克里格重构相结合进行区域地球变化磁场的短时预测。利用地磁台站的实测地球变化磁场数据，给出区域范围的预测等值线，并对该方法的预测精度进行评估。

预报任务：区域范围内任一地点地球变化磁场的短期预测值(经差 0.5°、纬差 0.5°、时差 10 min)。

具体步骤：

Step 1　数据处理。将区域内所有地磁台站的变化磁场 $Z$ 分量序列最小时间尺度划归到 10 min，形成各台站 10 min 均值的地球变化磁场 $Z$ 分量序列。

Step 2　单站预测。采用 MEEMD-SampEn-ESN 组合模型，按照预测时长从 1 h 到 24 h，对区域内的每个台站的地球变化磁场 $Z$ 分量进行建模预测。

Step 3　区域重构及预测。对区域内 $N$ 个地磁台站某一时刻的地球变化磁场 $Z$ 分量预测值进行区域重构，即可求得区域内任一地点地球变化磁场 $Z$ 分量预测值，给出预测时长 1 h 至 24 h 的等值线，评估其预测误差。

# 7.3　短期预测实验

如图 6.1 所示，在(101.0° E～111° E，30° N～40° N)区域内，选取了 8 个

地磁台站(榆林(YUL)、天水(TSY)、乾陵(QIX)、银川(YCB)、天星(TXI)、临夏(LXI)、松山(SGS)、成都(CDP))2009 年实测地磁观测数据，将区域内所有地磁台站的变化磁场 $Z$ 分量序列的最小时间尺度划归到 10 min 均值。首先进行单站预测。用 2009.08.13 CST 08:00 至 2009.08.18 CST 08:00 共 5 d 的数据做模型训练，用 2009.08.18 CST 08:00 至 2009.08.19 CST 08:00 共 1 d 的数据进行模型预测检验，分别做预测时长为 1 h、3 h、6 h、12 h、24 h 的单站预测。以预测时长 1 h、6 h、24 h 为例，图 7.1～图 7.3 分别给出了区域内各单站预测时长为 1 h、6 h、24 h 的预测结果。

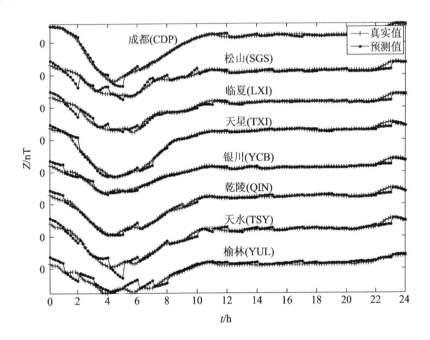

图 7.1 区域内各地磁台站预测结果(预测时长为 1 h)

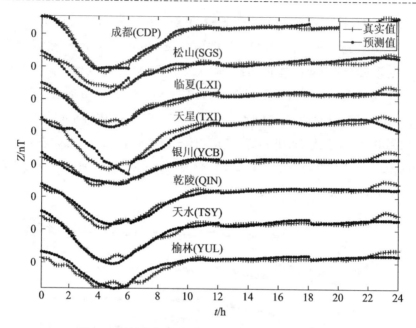

图 7.2　区域内各地磁台站预测结果(预测时长为 6 h)

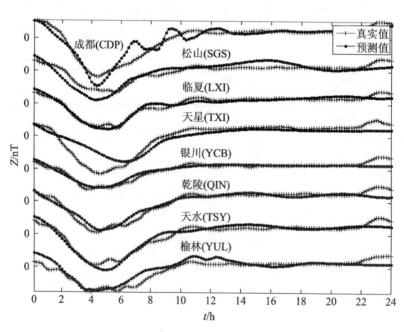

图 7.3　区域内各地磁台站预测结果(预测时长为 24 h)

　　在单站预测的基础上,对区域内 8 个地磁台站某一时刻的预测值进行区域
重构。图 7.4～图 7.7 给出了重构出的区域范围的格网为 $30' \times 30'$ 的地球变化磁
场 $Z$ 分量预测时长为 1h 的等值线图,以及根据实际观测值重构的相应时刻的
等值线图。其中,图 7.4(a)、7.5(a)、7.6(a)、7.7(a)分别为预测值的 4 个典型时
刻 2009.08.18 CST 08:00(日出)、CST 12:00(正午)、CST 20:00(日落)和 2009.08.19
CST 02:00(午夜)的等值线图,图 7.4(b)、7.5(b)、7.6(b)、7.7(b)分别为实际观测
值的 4 个典型时刻 2009.08.18 CST 08:00(日出)、CST 12:00(正午)、CST 20:00(日
落)和 2009.08.19 CST 02:00(午夜)的等值线图。

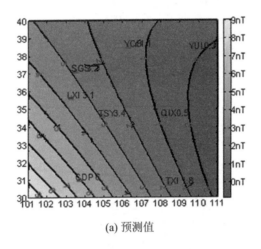

(a) 预测值

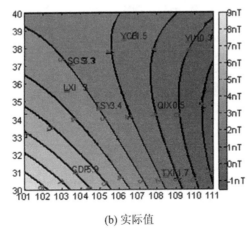

(b) 实际值

图 7.4　2009.08.18 CST 08:00(日出)预测结果(预测时长为 1h)

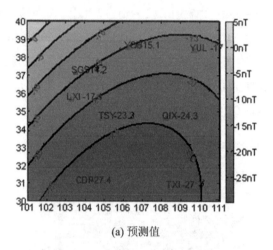

(a) 预测值

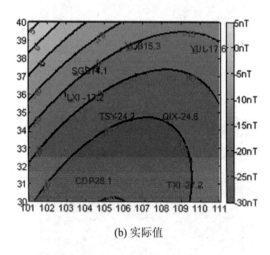

(b) 实际值

图 7.5　2009.08.18 CST 12:00(正午)预测结果(预测时长为 1 h)

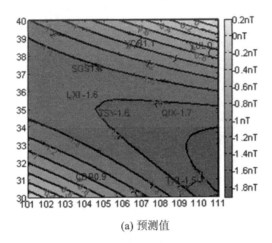

(a) 预测值

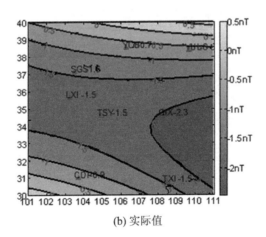

(b) 实际值

图 7.6　2009.08.18 CST 20:00(日落)预测结果(预测时长为 1 h)

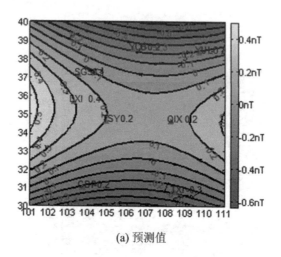

(a) 预测值

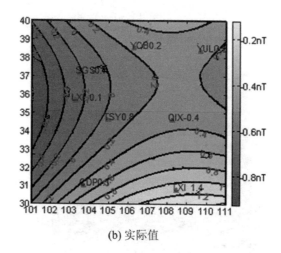

(b) 实际值

图 7.7　2009.08.18 CST 02:00(日出)预测结果(预测时长为 1 h)

从图 7.4～图 7.7 可以看出，根据预测值以及实测值重构的等值线图，其形状、大小及尺度均非常相似，这说明本章提出的预测方法在预测时长为 1 h 的情况下是可以实施的，并能达到一定的精度，预测结果比较准确地反映了地球变化磁场的时空变化特性。

图 7.8～图 7.11 给出了重构出的区域范围的格网为 $30' \times 30'$ 的地球变化磁

场 $Z$ 分量预测时长分别为 3 h、6 h、12 h、24 h 的等值线图,以及根据实际观测值重构的相应时刻的等值线图,其中,预测时长为 3 h 的时刻为 2009.08.18 CST 11:00,预测时长为 6 h 的时刻为 2009.08.18 CST 14:00,预测时长为 12 h 的时刻为 2009.08.18 CST 20:00,预测时长为 24 h 的时刻为 2009.08.19 CST 08:00。图 7.8(a)、7.9(a)、7.10(a)、7.11(a)为预测值等值线图,图 7.8(b)、7.9(b)、7.10(b)、7.11(b)为实际观测值等值线图。

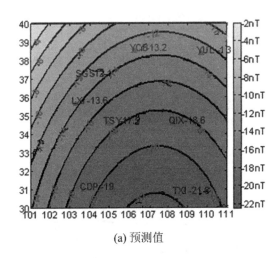

(a) 预测值

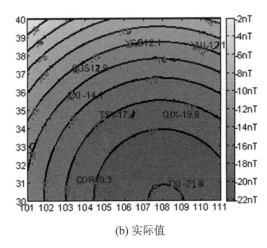

(b) 实际值

图 7.8　2009.08.18 CST 11:00 预测结果(预测时长为 3 h)

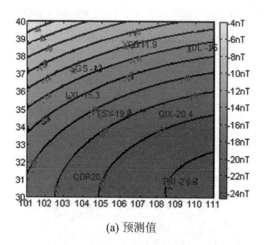

(a) 预测值

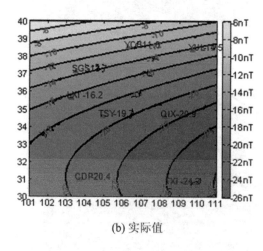

(b) 实际值

图 7.9　　2009.08.18 CST 14:00 预测结果(预测时长为 6 h)

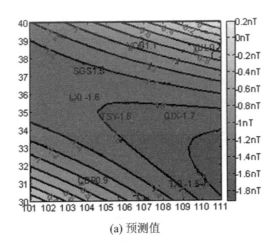

(a) 预测值

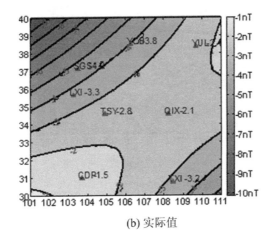

(b) 实际值

图 7.10　2009.08.18 CST 20:00 预测结果(预测时长为 12h)

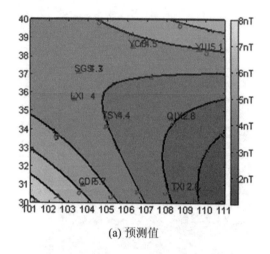

(a) 预测值

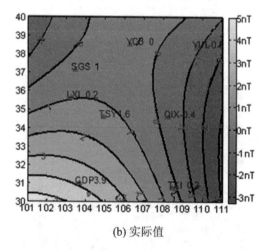

(b) 实际值

图 7.11　2009.08.19 CST 08:00 预测结果(预测时长为 24h)

　　从图 7.8 和图 7.9 可以看出，根据预测值重构的等值线图与根据实际观测值重构的等值线图，其形状、大小及尺度很相似，这说明本研究提出的预报方法在预测时长为 3h 和 6h 预报情况下是可以实施的，并达到了一定的精度，预测结果比较准确地反映了地球变化磁场的时空变化特性。但从图 7.10 和 7.11 可以看出，当预测时长为 12h 和 24h 时，根据预测值重构的等值线图与根据实际观测值重构的等值线图差异性较大，说明随着预测时长的增大，预测难度增大。

## 7.4　区域预测精度评估

对(101.0°E～111°E，30°N～40°N)区域内其他几个检验地磁台站(图6.1 中圆点所示台站)进行精度评估，采用平均绝对误差(Mean Absolute Error，MAE)作为预测评价函数。在所选区域内获取数据的台站还有红沙湾(HSW)、横梁(HNL)、芦阳(LYA)、莺歌(YGE)、兰州(LZH)、建坪(JPI)、荆竹(JZH)、黄水(HSH)，用这些台站的数据分别做预测时长为 1 h、6 h、12 h、24 h 的检验。我们以预测时长 1 h、24 h 为例，图 7.12 给出了检验台站预测时长分别为 1 h、24 h 的预测结果示意图。图 7.13 为区域内各检验台站预测时长为 1 h、6 h、12 h、24 h 的平均绝对误差。

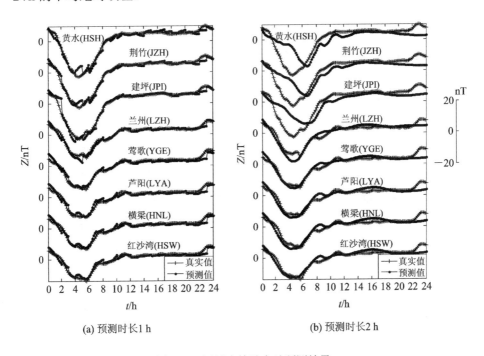

(a) 预测时长1 h

(b) 预测时长2 h

图 7.12　区域内检验台站预测结果

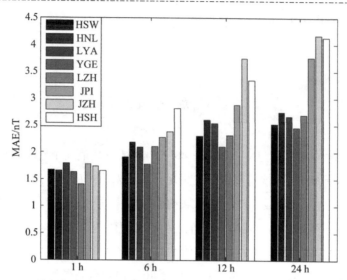

图 7.13　区域内检验台站预测时长分别为 1 h、6 h、12 h、24 h 的平均绝对误差

结果分析：

由图 7.12 和 7.13 可以看出，预测模型在检验台站的预测结果是比较好的，基本上能紧跟地球变化磁场的变化趋势，具有较高的预测精度，说明预测模型能很好地描述区域变化磁场的时空演化特性。由图 7.13 可以看出，模型的预测误差随着预测时长的增大而增大，这也符合常理。还可以看出，红沙湾(HSW)、横梁(HNL)、芦阳(LYA)、莺歌(YGE)、兰州(LZH)这 5 个检验台站的预测结果明显比建坪(JPI)、荆竹(JZH)、黄水(HSH)这 3 个检验台站好。分析其原因，由图 7.12 可以看出，红沙湾(HSW)、横梁(HNL)、芦阳(LYA)、莺歌(YGE)、兰州(LZH)这 5 个检验台站布局较好，分布较为均匀，且基本呈包围的趋势，而建坪(JPI)、荆竹(JZH)、黄水(HSH)这 3 个检验台站分布在所选区域的右下角，属于区域边缘，所以误差较大。对区域内所有检验台站进行统计，对于预测时长为 1 h、6 h、12 h、24 h，区域地球变化磁场预测模型的平均绝对误差分别为 1.67 nT、2.19 nT、2.72 nT、3.14 nT。

## 7.5　本章小结

本章讨论了一种基于区域重构的地球变化磁场综合预测模型，将时域上的

单站地球变化磁场 $Z$ 分量预测与空间域上的区域地球变化磁场重构相结合，在(101.0°E～111°E，30°N～40°N)区域内，建立了一个纵约 10 个纬度，横约 10 个经度的区域地球变化磁场综合预测模型，模型分辨率为经差 0.5°，纬差 0.5°，时差 10min，并对模型进行了精度评估。当预测时长为 1h、6h、12h、24h，区域地球变化磁场预测模型的平均绝对误差分别为 1.67nT、2.19nT、2.72nT、3.14nT，这一结果对于地磁辅助导航工程、地球空间环境监测与预报等应用具有现实意义。

# 第8章

# 结论与展望

## 8.1　结　　论

本书以地球变化磁场物理机理为基础，采用现代智能信号处理方法结合地质统计学理论，对中纬度区域地球变化磁场进行了特性分析与高精度时空建模预测研究，得到的主要研究结论如下：

(1) 地球变化磁场从物理起源上可以看作是一种复杂系统，而对于复杂度及复杂系统的概念，在不同的研究领域有着不同的理解。本书提出运用样本熵、多尺度熵及滑动窗样本熵方法对不同磁扰程度下的地球变化磁场时间序列进行了复杂度特征分析，包括不同 $A_p$ 指数地球变化磁场的样本熵和多尺度熵复杂度分析，以及地球变化磁场的滑动窗样本熵分析。研究结果表明，样本熵及多尺度熵既能表征地磁扰动的强度，又能准确定位扰动时间段，这对于我们更好地认识地球变化磁场的物理起源、建模预测等均具有一定的意义。

(2) 地球变化磁场时间序列的非线性和非平稳特性非常明显，难以用完备的理论模型精确描述。基于此，提出了一种基于 MEEMD-样本熵-回声状态网络的单站组合预测模型，以降低地球变化磁场数据非线性和非平稳性对预测的影响，并以不同磁扰程度的地磁台站观测的地球变化磁场数据进行仿真验证。结果表明，该组合模型的预测值能紧跟地球变化磁场的变化趋势，说明该预测模型能很好地描述和刻画出变化磁场这个复杂系统的特性，为实现地球变化磁场短时高精度预测提供了新的参考。

(3) 已有的分析工作多是利用全球性地磁观测资料，基于大尺度的空间电流体系模型来研究太阳静日变化场全球性的时空分布特征，由于我国地域辽阔，且正处于 $S_q$ 场电流体系的焦点纬度范围内，因此，亦有许多关于中国地区的较大区域尺度的 $S_q$ 特性分析，而关于 $S_q$ 较小区域尺度特性的分析研究则相对较少。地磁场日变化的幅值在一定的时空范围内会有几纳特至几十纳特的变化，相位亦有不同程度的变化，因此，对区域尺度地磁日变规律的分析和研究就显得很重要。在以往的研究中，由于区域尺度范围的测站数量较少，空间分布稀疏，持续观测时长较短，且所用地磁分量也较单一，所得出的区域地球变化磁场尺度特性相关的结论适用性不强。基于此，设计了地球变化磁场区域尺度观测实验，并基于国家地磁台网和中国地震局提供的地磁台阵数据，以较充分的实际观测数据对中纬度地区(大致在 20°N～50°N 之间)F、H、Z 分量地磁日变的区域尺度特性(包括距离不大于 200km 的局地尺度)进行了研究，得到了不同地磁分量较为细致的时空分布特性及不同精度要求下的单站最大适用地域范围。该结论是区域地球变化磁场建模的基础，同时，对于高精度磁力测量亦有一定的指导意义。

(4) 区域地球变化磁场重构是实现地球变化磁场现报/预报的关键问题。基于区域地球变化磁场的时空分布特性，提出了一种基于改进 Kriging 法的区域地球变化磁场重构模型，模型可以三维的形式(纬度、经度、时间)展示地球变化磁场的时空变化。依据(101.0°E～111°E，30°N～40°N)区域内的地磁台站实测地球变化磁场 Z 分量值，以 30′×30′ 为格网，重构该区域的地球变化磁场，并绘出了地磁 Z 分量的等值线图，同时对地球变化磁场 Z 分量四个典型时刻、不同劳埃德月份以及不同地磁活动水平的重构误差进行了分析。结果表明，重构图像合理地反映了地球变化磁场时空变化特性，验证了重构模型的准确性。可将该重构模型应用于区域地球变化磁场 Z 分量的综合预测模型中。

(5) 地球变化磁场传统的空间电流体系模型研究周期长、难度大、精度低，难以满足军事工程应用的需求。基于此，在对地球变化磁场单站模型、区域尺度特性分析及重构模型研究的基础上，提出了一种基于区域重构的地球变化磁场综合预测模型，将时域上的单站地球变化磁场 Z 分量预测与空间域上的区域地球变化磁场重构相结合，在(101.0°E～111°E，30°N～40°N)区域内，建立了一个纵约 10 个纬度，横约 10 个经度的区域地球变化磁场综合预测模型，模型分辨率为经差 0.5°，纬差 0.5°，时差 10 min，并进行了精度评估。当预测时长为 1 h、6 h、12 h、24 h，区域地球变化磁场预测模型的平均绝对误差分别为 1.67 nT、2.19 nT、2.72 nT、3.14 nT。

## 8.2　展　　望

地球变化磁场由于其特有的物理起源，可以看作是地球空间电磁环境中的一个复杂系统。而对于复杂度及复杂系统的概念，不同的研究者有着不同的理解，就地球变化磁场而言，本书从复杂系统层面上做了一些初步研究工作，得出了一些有益的结果，比如对于样本熵和多尺度熵能够很好地表征地磁扰动强度及演化特征这一特点，启发我们可设计一种新的"熵指数"来衡量表征地磁扰动大小；对于滑动窗样本熵理论应用于磁暴的分析结果，可以应用于在线观测的地磁场资料处理，利用处理信息研究地磁场的快速异常变化，及时地预测预报空间天气灾害等；而对于 Mackey-Glass 时滞混沌方程表现出与地磁场日变曲线形态非常相似这一特点，我们将做深入研究，如能用确定性的时滞混沌系统方程来描述地球变化磁场的演化特点，无疑是一个很好的发现，有可能应用于地球变化磁场时间序列预测建模。总之，复杂性科学理论和方法提供了研究地球变化磁场的一种新思路和新途径，尽管当前地球变化磁场的复杂度分析研究尚处于初步探索阶段，但是，如若能真正认识这些复杂性特征，那么对于地球变化磁场研究及地磁导航与寻的等军事工程应用来说，都将起到一定的推动作用。

此外，众所周知，地磁活动与电离层变化之间的关系是电离层物理中尚未解决的难题之一，它既是空间天气学中极其重要的科学问题，也是制约电离层天气预报的瓶颈问题之一，要彻底解决需从地磁-电离层耦合的物理链条进行系统深入的研究。然而，从辅助导航的地球变化磁场时间序列分析建模研究发现，通过增加与地球变化磁场相关的信息可以提高地球变化磁场时间序列预测精度；另外，从局地(战区尺度)电离层不均匀体演化发展的预测需求看，从地球变化磁场与电离层 TEC 的时空相关性分析入手，不失为是提高辅助导航中地球变化磁场时间序列预测精度和局地(战区尺度)电离层不均匀体演化发展预测的一条可行的研究思路。

关于地球变化磁场与电离层 TEC 的相关关系,主要涉及地磁扰动与电离层 TEC 扰动起始时间的对应关系问题,即电离层 TEC 扰动是超前、同步抑或是滞后于地磁扰动,以及二者的变化趋势关系、极值对应性关系、变化率关系、相位关系,等等。现有的文献调研表明,目前对于此问题研究较少,且无严格的理论分析和计算。原因是,虽然二者都源于太阳扰动,但是它们都是复杂的物理过程:太阳发出的、增强的电磁辐射首先会引发电离层突然扰动,进而引发地磁钩扰;太阳喷射的等离子云通过压缩前面的太阳风等离子体形成激波,与地球磁层作用引起磁暴,形成磁暴的急始和初相,进而诱发一系列磁层亚暴(进入磁暴主相期),在磁暴期间电离层也受到强烈的扰动,形成电离层暴,此外,还有太阳辐射的高能质子等,都会影响磁层和电离层。所以,电离层 TEC 的变化与地磁场的变化有着复杂的物理作用机理。这就是为什么强烈的地磁变化(磁暴)可以用太阳风压强和空间环电流较好地解释,但电离层 TEC 的剧烈变化(电离层暴)却不一定源于相同的原因。而且电离层 TEC 变化与地磁场变化还可能相互影响,其相互关系问题是相当复杂的(日间和夜间二者变化也有差异,如夜间因为发电机层电导率低、电流小,与电离层相关的地磁变化也相对较小,等等)。所以,从理论上进行研究难度必然很大,而从联合实验观测入手,对地球变化磁场与电离层 TEC 的时间序列进行非线性和非平稳性分析,从系统动力学的角度研究二者的时空相关特性以及在战区尺度下的时空演化特点,并通过经验模式的路径来建立综合模型,应该是最佳研究路径之一。同时,在国家自然科学基金课题——"辅助导航地球变化磁场区域模型研究"中,我们发现,增加地球变化磁场时间序列之外的信息(如太阳黑子数、太阳射电流量、行星际磁场南向分量等)可以提高变化磁场时间序列预测精度。但是,在战时往往难以获取更多除地球变化磁场时间序列之外的信息,特别是与战区范围密切相关的信息。然而电离层 TEC 可以在地面上与地球变化磁场同点同时观测,可同时获得局地(战区范围)的 TEC 变化信息,而地球变化磁场与电离层 TEC 变化又都是源于太阳扰动,二者之间确实存在某种相关关系,如果能将电离层 TEC 的变化信息融入地球变化磁场的时间序列预测模型，同样可以提高预测精度。因此，开展中纬度局地电离层 TEC 与地球变化磁场时空相关性分析与建模研究，不仅能进一步提高辅助导航中地球变化磁场的预测精度，而且能为临近空间环境监测与战区级空间天气保障提供理论基础和技术支持，具有重要的理论意义和广阔的应用前景。

# 参 考 文 献

[1]   徐文耀. 地球电磁现象物理学[M]. 安徽：中国科技大学出版社，2009.

[2]   管志宁. 地磁场与磁力勘探[M]. 北京：地质出版社，2005.

[3]   彭纯一，陈兴东. 地磁方法在地震短临预报中的应用研究[J]. 东北地震研究，2007，23(3)：28-37.

[4]   徐文耀. 地磁活动 K 指数值量算和确定方法的改进[J]. 西北地震学报，2005，27(增)：36-41.

[5]   彭富清. 地磁模型与地磁导航[J]. 海洋测绘，2006，26(2)：73-75.

[6]   徐文耀. 地磁场的三维巡测和综合建模[J]. 地球物理学进展，2007，22(4)：1035-1039.

[7]   徐文耀，区加明，杜爱民. 地磁场全球建模和局域建模[J]. 地球物理学进展，2011，26(2)：398-415.

[8]   王仕成，张金生，王哲，等. 地球变化磁场对地磁匹配制导影响分析[C]∥地球物理环境探测和目标信息获取与处理. 西安:西安地图出版社,2008：23-30.

[9]   李军辉，李琪，王行舟，等. 中国大陆地磁场 Z 分量日变幅的时空特征分析[J]. 中国地震，2012，28(1)：42-50.

[10]   王仕成，张金生，苏德伦，等. 使用 WMM2005 进行地磁匹配制导的可行性初探[C]∥地球物理探测与应用. 西安：西安地图出版社，2007，105-111.

[11]   SABAKA T J, OLSEN N, PURUCKER M E. Extending Comprehensive Models of the Earth's Magnetic Field with Oersted and Champ Data[J]. Geophys. J. Int. , 2004, 159: 521-547.

[12]   侯威. 基于复杂度的观测数据的非线性时空分布特征[D]. 扬州：扬州大学，2006.

[13]　PINCUS S M. Approximate Entropy as a Measure of System Complexity[J]. Proc. Natl. Acad. Sci. USA, 1991, 88: 2297-2301.

[14]　RICHMAN J S, MOORMAN J R. Physiological Time-series Analysis Using Approximate Entropy and Sample Entropy[J]. Am. J. Physiol. Heart Circ. Physiol., 2000, 278: 2039-2049.

[15]　COSTA M, GOLDBERGER A L, PENG C K. Multiscale Entropy Analysis of Biological Signals[J]. Phys. Rev. E, 2005, 71: 021906.

[16]　黄宁波，王义民，苏保林. 汉江上游洪水特性复杂度分析[J]. 南水北调与水利科技，2012，10(1)：45-48.

[17]　王启光，张增平. 近似熵检测气候突变的研究[J]. 物理学报，2008，57(3)：1976-1983.

[18]　何文平，何涛，成海英，等. 基于近似熵的突变检测新方法[J]. 物理学报，2011，60(4)：813-821.

[19]　BORNAS X, LLABR J, NOGUERA M, et al. Fear Induced Complexity Loss in the Electrocardiogram of Flight Phobics: a Multi-scale Entropy Analysis[J]. Biol. Psychol., 2006, 73: 272-279.

[20]　NORRIS P R, STEIN P K, MORRIS J J. Reduced Heart Rate Multi-scale Entropy Predicts Death in Critical Illness: a Study of Physiologic Complexity in 285 Trauma Patients[J]. J. Crit. Care., 2008, 23(3): 399-405.

[21]　王俊，马千里. 基于多尺度熵的心电图 ST 段研究[J]. 南京邮电大学学报：自然科学版，2008，28(3)：70-76.

[22]　刘慧，和卫星，陈晓平. 生物时间序列的近似熵和样本熵方法比较[J]. 仪器仪表学报，2004，25(4)：806-807.

[23]　庄建军，宁新宝，邹鸣，等. 两种熵测度在量化射击运动员短时心率变异性信号复杂度上的一致性[J]. 物理学报，2008，57(5)：2805-2811.

[24]　赵海峰，刘树林，顾孝宋. 基于近似熵的往复压缩机气阀故障复杂性测度分析[J]. 化工机械，2010，37(3)：296-298.

[25]　郑近德，程军圣，杨宇. 基于多尺度熵的滚动轴承故障诊断方法[J]. 湖南大学学报：自然科学版，2012，39(5)：38-41.

[26] 何亮，杜磊，庄弈棋，等. 金属互连电迁移噪声的多尺度熵复杂度分析[J]. 物理学报，2008，57(10)：6545-6550.

[27] 王振亚，金宁德，宗艳波，等. 垂直上升管中油气水三相流流型多尺度熵分析[J]. 地球物理学报，2009，52(9)：2377-2386.

[28] WEI H L, BILLINGS S A, BALIKHIN M. Analysis of the Geomagnetic Activity of the Dst Index and Self-affine Fractals Using Wavelet Transforms[J]. Nonlin. Processes Geophys., 2004, 11: 303-312.

[29] ASIMOPOLOS L, PESTINA A M, ASIMOPOLOS N S. Considerations on Geomagnetic Data Analysis[J]. Chinese J. Geophys, 2010, 53(3): 765-772.

[30] 王赤，陈金波，王水. 地球变化磁场的分形和混沌特征[J]. 地球物理学报，1995，38(1)：16-23.

[31] HONGRE L, SAIHAC P, ALEXANDRESCU M, et al. Non-linear and Multifractal Approaches of the Geomagnetic Field[J]. Physics of the Earth and Planetary Interiors, 1999, 110(3): 157-190.

[32] VOROS Z, VERO J, KRISTEK J. Nonlinear Time Series Analysis of Geomagnetic Pulsations[J]. Nonlin. Processes Geophys., 1994, 1: 145-155.

[33] BOLZAN M J A, ROSA R R, SAHAI Y. Multifractal Analysis of Low-latitude Geomagnetic Fluctuations[J]. Ann. Geophys., 2009, 27: 569-576.

[34] 牛超,李夕海,刘代志.地球变化磁场 $Z$ 分量的混沌动力学特性分析[J].物理学报，2010，59(5)：3077-3087.

[35] 齐玮，王秀芳，王仁明，等. 地磁场 $K$ 变化的信息熵[J]. 地球物理学报，2011，54(3)：780-786.

[36] SANTIS A D, QAMILI E. Shannon Information of the Geomagnetic Field for the Past 7000 years[J]. Nonlinear Processes in Geophysics, 2010, 17: 77-84.

[37] NICOLAS G, ANDREW J, Christopher C F. Maximum Entropy Regularization of Time-dependent Geomagnetic Field Models[J]. Geophys. J. Int., 2007, 171: 1005-1016.

[38] 杨建平.地磁场变化的小波熵复杂度分析方法[J].地球物理学进展,2010,

25(5)：1605-1611.

[39]　谢周敏.地球物理复杂信号的多尺度熵分析方法[J].震灾防御技术,2009,
　　　4(4)：380-385.

[40]　祁贵仲. 局部地区地磁日变分析方法及中国地区 $S_q$ 场的经度效应[J]. 地
　　　球物理学报, 1975, 18(2)：104-117.

[41]　单汝俭, 金国, 曾志成. 局部地区地磁日变及拟合方法研究[J]. 长春地
　　　质学院学报, 1990, 20(3)：315-322.

[42]　郭建华, 薛典军. 多台站磁日变校正方法研究及应用[J]. 地球学报, 1999,
　　　20(增)：932-937.

[43]　RIDDIHOUGH R P. Diurnal Corrections to Magnetic Surveys-an Assessment
　　　of Errors[J]. Geophys. Prospecting, 2002, 19: 400-551.

[44]　BENKOVA N P. Spherical Harmonic Analysis of the Sq Variations[J]. Terr.
　　　Mag. Atomos. Elect., 1940, 45: 425.

[45]　AULD D R. Cross-over Errors and Reference Station Location for a Marine
　　　Magnetic Survey[J]. Marine Geophysical Research, 1979(4): 167-179.

[46]　姚俊杰, 孙毅, 赵宏杰. 地磁日变观测数据理论分析[J]. 海洋测绘, 2002,
　　　22(6)：8-10.

[47]　姚俊杰, 孙毅, 刘国斌, 等. 地磁日变数据时间同步相关系数分析[J]. 海
　　　洋测绘, 2005, 25(6)：15-17.

[48]　徐行, 廖开训, 陈邦彦, 等. 多台站地磁日变观测数据对远海磁测精度
　　　的影响分析[J]. 海洋测绘, 2007, 27(1)：38-40.

[49]　边刚, 刘雁春, 卞光浪, 等. 海洋磁力测量中多站地磁日变改正值计算
　　　方法研究[J]. 地球物理学报, 2009, 52(10)：2613-2618.

[50]　卞光浪, 翟国君, 刘雁春, 等. 海洋磁力测量中地磁日变站有效控制范
　　　围研究[J]. 地球物理学进展, 2010, 25(3)：817-822.

[51]　王磊, 边刚, 任来平, 等. 时差对海洋磁力测量地磁日变改正的影响分
　　　析[J]. 海洋测绘, 2011, 31(6)：39-41.

[52]　顾春雷, 张毅, 徐如刚, 等. 基于虚拟日变台进行地磁矢量数据日变通
　　　化方法[J]. 地球物理学报, 2013, 56(3)：834-841.

[53] DZ/T 0071—93. 地面高精度磁测技术规程[S].

[54] 张秀霞，杨冬梅，杨福喜，等. 地磁静日变化预测方法研究[J]. 国际地震动态，2012(6)：197-198.

[55] BELLANGER E, KOSSOBOKOV V G, MOUEL J L. Predictability of Geomagnetic Series[J]. Ann. Geophy., 2003, 21, 1101-1109.

[56] GLEISNER H, WATERMANN J. Concepts of Medium-range (1-3 days) Geomagnetic Forecasting[J]. Advances in Space Research, 2006, 36：1116-1123.

[57] WEI H L, ZHU D Q, BILLINGS S A, et al. Forecasting the Geomagnetic Activity of the Dst Index Using Multiscale Radial Basis Function Networks[J]. Advances in Space Research, 2007, 40：1863-1870.

[58] STEPANOVA M V, ANTONOVA E E, TROSHICHEV O. Forecasting of DST Variations from Polar Cap Indices Using Neural Networks[J]. Advances in Space Research, 2005, 36：2451-2454.

[59] 易世华，刘代志，李夕海，等. 辅助导航地球变化磁场建模研究[C]∥空间地球物理环境与国家安全. 西安：西安地图出版社，2010：96-100.

[60] 齐玮，王秀芳，李夕海，等. 基于统计建模的地磁匹配特征量选择[J]. 地球物理学进展，2010，25(1)：324-330.

[61] LI Y H, QIAN C S, LIU D Z, et al. Pseudo-Period Mode Decomposition and Its Applications to Time Series Prediction. Journal of Computational Information Systems, 2012, 8(14): 5229-5236.

[62] 牛超，李夕海，刘代志. 基于混沌理论和 LS-SVM 的地球变化磁场短时预测[C]∥地球物理与海洋安全. 西安：西安地图出版社，2009：224-229.

[63] 牛超，卢世坤，李夕海. 地球变化磁场时间序列的 Volterra 级数自适应预测模型研究[C]∥防灾减灾与国家安全. 西安：西安地图出版社，2009：483-488.

[64] YI S H, HUANG S Q, LI X H, et al. Modeling and Forecasting of the Variable Geomagnetic Field at Multiple Time Scales[C]. ICSP, 2010, 1315-1338.

[65] 易世华，刘代志，何元磊，等. 变化地磁场预测的支持向量机建模[J]. 地球物理学报，2013，56(1)：127-135.

[66] MENDILO M. Storms in the Ionosphere: Patterns and Processes for Total Electron Content[M]. Rev. Geophys, 2006.

[67] SHARMA S, GALAV P, DASHORA N, et al. Study of Ionospheric TEC During Space Weather Event of 24 August 2005 at Two Different Longitudes[J]. Journal of Atmospheric and Solar-Terrestrial Physics, 2012, 75: 133-140.

[68] KUMAR S, SINGH A K. GPS Derived Ionospheric TEC Response to Geomagnetic Storm on 24 August 2005 at Indian Low Latitude Stations[J]. Advances in Space Research, 2011, 47(4): 710-717.

[69] 李强，张东和，覃健生，等. 2004 年 11 月一次磁暴期间全球电离层 TEC 扰动分析[J]. 空间科学学报，2006，26(4)：440-446.

[70] ALOTHMAN A O, ALSUBAIE M A, AYHAN M E. Short Term Variations of Total Electron Content (TEC) Fitting to a Regional GPS Network over the Kingdom of Saudi Arabia (KSA)[J]. Advances in Space Research, 2011, 48(5): 842-849.

[71] PEREVALOVA N P, POLYAKOVA A S, ZALIZOVSKI A V. Diurnal Variations of the Total Electron Content under Quiet Helio-geomagnetic Conditions[J]. Journal of Atmospheric and Solar-Terrestrial Physics, 2010, 72(13): 997-1007.

[72] 刘三枝，王解先. 地磁静日北半球电离层电子密度的反演[J]. 南京工业大学学报，2011，33(6)：26-29.

[73] EZQUER R G, JAKOWSKI N, JADUR A. Predicted and Measured Total Electron Content over Havana[J]. J. Atmos. Solar-Terr. Phys., 1997, 59: 591-595.

[74] XENOS T D, KOURIS S S, CASIMIRO A. Time-dependent Prediction Degradation Assessment of Neural-networks-based TEC Forecasting Models[J]. Nonlinear Processes in Geophysics, 2003, 10: 585-587.

[75] HABARULEMA J B, MCKINNELL L A, OPPERMAN B D L. A Recurrent Neural Network Approach to Quantitatively Studying Solar Wind Effects on TEC Derived from GPS: Preliminary Results[J]. Ann. Geophys., 2009, 27: 2111-2125.

[76] HABARULEMA J B, MCKINNELL L A, CILLIERS P J, et al. Application

of Neural Networks to South African GPS TEC Modeling[J]. Advances in Space Research, 2009, 43(11): 1711 1720.

[77] HABARULEMA J B, MCKINNELL L A. Investigating the Performance of Neural Network Backpropagation Algorithms for TEC Estimations Using South African GPS data[J]. Ann. Geophys., 2012, 30: 857-866.

[78] STANKOV S M, KUTIEV I S, JAKOWSKI N, et al. A New Method for Total Electron Content Forecasting Using Global Positioning System Measurements[J]. In: Proc. ESA Space Weather Workshop, The Netherlands: Noordwijk, 2001, 169-172.

[79] 陈必焰，戴吾蛟，蔡昌盛，等. 层析反演与神经网络方法在电离层建模及预报中的应用[J]. 武汉大学学报：信息科学版，2012，37(8)：972-975.

[80] 汤俊, 姚宜斌, 陈鹏, 等. 利用 EMD 方法改进电离层 TEC 预报模型[J]. 武汉大学学报：信息科学版，2013，38(4)：408-411.

[81] 陈鹏，姚宜斌，吴寒. 利用时间序列分析预报电离层 TEC[J]. 武汉大学学报：信息科学版，2011，36(3)：267-270.

[82] WATERMANN J, RASMUSSEN O, STAUNING P, et al. Temporal versus spatial geomagnetic variations along the west coast of Greenland[J]. Adv. Space Res., 2006, 37: 1163-1168.

[83] WATERMANN J, GLEISNER H, RASMUSSEN T M. A Geomagnetic Activity Forecast for Improving the Efficiency of Aeromagnetic Surveys in Greenland[J]. Adv. Space Res., 2011, 47: 2172-2181.

[84] LEPIDI S, CAFARELLA L, PIETROLUNGO M, et al. Daily Variation Characteristics at polar geomagnetic observatories[J]. Advances in Space Research, 2011, 48: 521-528.

[85] SUTCLIFFE P R. The Development of a Regional Geomagnetic Daily Variation Model Using Neural Networks[J]. Ann. Geophysicae, 2000, 18: 120-128.

[86] 齐玮. 辅助导航地球变化磁场实时标识与建模研究[D]. 第二炮兵工程大学，2009.

[87] 易世华. 地球变化磁场的高精度时空建模预测研究[D]. 西安：第二炮兵

工程大学，2011.

[88] 袁杨辉. 地磁导航中地球变化磁场的研究[D]. 武汉：华中科技大学，2012.

[89] 邓翠婷. 地磁匹配中的地磁日变效应与修正[D]. 南京：南京航空航天大学，2013.

[90] PIETRELLA M, PERRONE L. A Local Ionospheric Model for Forecasting the Critical Frequency of the F2 Layer During Disturbed Geomagnetic and Ionospheric Conditions[J]. Ann. Geophys., 2008, 26: 323-334.

[91] PIETRELLA M. A Short-term Ionospheric Forecasting Empirical Regional Model(IFERM) to Predict the Critical Frequency of the F2 Layer During Moderate, Disturbed, and very Disturbed Geomagnetic Conditions over the European Area[J]. Ann. Geophys., 2012, 30: 343-355.

[92] WANG R, ZHOU C, DENG Z, et al. Predicting foF2 in the China Region Using the Neural Networks Improved by the Genetic Algorithm[J]. Journal of Atmospheric and Solar-Terrestrial Physics, 2013, 92: 7-17.

[93] MARUYAMA T. Regional Total Electron Content Model over Japan Based on Neural Network Mapping Techniques[J]. Ann. Geophys., 2007, 25: 2609-2614.

[94] WIELGOSZ P, GREJNER-BRZEZINSKAL D, KASHANI I. Regional Ionosphere Mapping with Kriging and Multiquadric Methods[J]. J. Global Posit. Sy., 2003, 2(1): 48-55.

[95] 袁运斌，欧吉坤. 建立 GPS 格网电离层模型的站际分区法[J]. 科学通报，2002，47(8)：636-639.

[96] 夏淳亮，万卫星，袁洪，等. 磁暴期间电离层扰动的 GPS 台网观测分析[J]. 空间科学学报，2004，24(5)：326-332.

[97] 毛田，万卫星，孙凌峰，等. 用 Kriging 方法构建中纬度区域电离层 TEC 地图[J]. 空间科学学报，2007，27(4)：279-285.

[98] 刘瑞源，刘国华，吴健，等. 中国地区电离层 foF2 重构方法及其在短期预报中的应用[J]. 地球物理学报，2008，51(2)：300-306.

[99] 王建平. 中国及周边地区电离层 TEC 短期预报方法研究[D]. 西安：西安电子科技大学，2008.

[100] 柳景斌，王泽民，王海军，等. 利用球冠谐分析方法和 GPS 数据建立中国区域电离层 TEC 模型[J]. 武汉大学学报：信息科学版，2008，33(8)：792-795.

[101] 刘志平，赵自强，郭广礼. 电离层总电子含量时空特征分析及分区建模[J]. 武汉大学学报：信息科学版，2012，37(11)：360-363.

[102] 北京大学，中国科学技术大学地球物理教研室. 地磁学教程[M]. 北京：地震出版社，1986.

[103] 徐文耀. 地磁学[M]. 北京：地震出版社，2003.

[104] 扬诺夫斯基 B M. 地磁学[M]. 刘洪学，等，译. 北京：地质出版社，1982.

[105] WOLFGANG B, RUDOLF AT. Basic Space Plasma Physics[M]. London: Imperial College Press, 1996.

[106] FARMER J D. Chaotic Attractors of Infinite-dimensional Dynamical Systems[J]. Physica D, 1982, 4: 366-393.

[107] HUANG N E, SHEN Z, LONG S R, et al. The Empirical Mode Decomposition and the Hilbert Spectrum for Nonlinear and Non-startionary Time Series Analysis[J]. Proc. Roy. Soc., 1998, 454A: 903-995.

[108] 乔玉坤，王仕成，张琪. 地磁匹配特征量的选择[J]. 地震地磁观测与研究，2007，28(1)：42-47.

[109] CHEN G X, XU W Y, DU A M, et al. Statistical Characteristics of the Day-to-Day Variability in the Geomagnetic Sq Field[J]. J Geophys Res, 2007, 112, A06320.

[110] WU Z H, HUANG N E. Ensemble Empirical Mode Decomposition: a Noise Assisted Data Analysis Method[J]. Advances in Adaptive Data Analysis, 2009, 1(1): 1-41.

[111] YEH J R, SHIEH J S, HUANG N E. Complementary Ensemble Empirical Ode Decomposition: a Novel Noise Enhanced Data Analysis Method[J]. Advances in Adaptive Data Analysis, 2010, 2(2): 135-156.

[112] 郑旭，郝志勇，金阳，等. 基于 MEEMD 的内燃机辐射噪声贡献[J]. 浙

江大学学报：工学版，2012，46(5)：954-960.

[113] JAEGER H. The Echo State Approach to Analyzing and Training Recurrent Networks[J]. German National Research Center for Information Technology, 2001, 148.

[114] 李德才，韩敏. 基于鲁棒回声状态网络的混沌时间序列预测研究[J]. 物理学报，2011，60(10)：765-772.

[115] 张学清，梁军. 基于 EEMD-近似熵和储备池的风电功率混沌时间序列预测模型. 物理学报，2013，62(5)：76-85.

[116] JAEGER H. Adaptive Nonlinear System Identification with Echo State Networks[C]// Advances in Neural InformationProcessing Systerns 15, Cambridge, MAI MIT Press, 2003: 593-600.

[117] ELMAN J L. Finding Structure in Time[J]. Cognitive Sci., 1990, 14: 179-211.

[118] 余健，郭平. 基于改进的 Elman 神经网络的股价预测模型[J]. 计算机技术与发展，2008，18(3)：43-45.

[119] SUYKENS J A K, GESTEL T V, BRAHANTER J D, et al. Least Squares Support Vector Machines[J]. River Edge:World Scientific, 2002: 71-148.

[120] 牛超，卢世坤，祁树锋. 基于 EEMD 和改进 Elman 神经网络的地球变化磁场短时预测. 河北师范大学学报：自然科学版，2014，38(1)：50-54.

[121] 牛超，李夕海，易世华，等. 地磁变化场的 MEEMD-样本熵-LSSVM 预测模型. 武汉大学学报：信息科学版，2014，39(5)：626-630.

[122] RICHMOND A D. Modeling the Ionospheric Wind Dynamo: a Review[J]. Pure Appl. Geophys., 1989, 47: 413-435.

[123] RICHMOND A D. Ionospheric Electrodynamics Using Magnetic Apex Coordinates[J]. J. Geomagn. Geoelectr. , 1995, 47: 191-212.

[124] 徐文耀，李卫东. 地磁场 Sq 的经度效应和 UT 变化[J]. 地球物理学报，1994，37(2)：157-166.

[125] CHULLIAT A, BLANTER E, MOUËL JL L, et al. On the Seasonal Asymmetry of the Diurnal and Semidiurnal Geomagnetic Variations[J]. Journal of Geophysical Research, 2005, 110：A05301.

[126] MACMILLAN S, DROUJININA A. Long-term Trends in Geomagnetic Daily Variation[J]. Earth, Planets and Space, 2007, 59(3): 391-395.

[127] NOWOZYNSKI K. On Regularities in Long-term Solar Quiet Geomagnetic Variation[J]. Earth and Planetary Science Letters, 2006, 241(3-4): 648-654.

[128] LE S P, HUANG T S. Longitudinal Dependence of the Daily Geomagnetic Variation During Quiet Time[J]. Journal of Geophysical Research, 2002, 107:11.

[129] MATSUSHITA S, MAEDA H. On the Geomagnetic Solar Quiet Daily Variation Field during the IGY[J]. J. Geophys. Res., 1965, 70: 2535-2538.

[130] WAGNER C V, MOHLMANN D, SCHAFER K, et al. Large-scale Electric Fields and Currents and Related Geomagnetic Variations in the Quiet Plasmasphere[J]. Space Sci. Rev., 1980, 26: 391-446.

[131] 赵旭东, 杜爱民, 陈化然, 等. $S_q$ 电流体系的反演与地磁日变模型的建立[J]. 地球物理学进展, 2010, 25(6): 1959-1967.

[132] 王建军, 杨冬梅, 张素琴, 等. 中国地区地磁静日变化场 $S_q$(H)台链分布特征[J]. 地震研究, 2010, 33(4): 329-336.

[133] 李军辉, 李琪, 王行舟, 等. 中国大陆地磁场 $Z$ 分量日变幅的时空特征分析[J]. 中国地震, 2012, 28(1): 42-50.

[134] 王亚丽, 吴迎燕, 卢军, 等. 中国大陆地区地磁场 $Z$ 分量日变化相位的空间分布特征研究[J]. 地球物理学报, 2009, 52(4): 1033-1040.

[135] 张永忠, 康国发. 中国低纬地区地磁场 $Z$ 分量日变特征[J]. 地震地磁观测与研究, 1995, 16(2): 19-23.

[136] 胡久常. 地磁日变幅的时空变化[J]. 地震地磁观测与研究, 1992, 13(3): 73-77.

[137] 徐文耀, 祁暐, 王仕明. 甘肃省东部地区短周期地磁变化异常及其与地震的关系[J]. 地球物理学报, 1978, 21(3): 218-224.

[138] KRIGE D G. A Statistical Approach to Some Basic Mine Valuation Problems on the Witwatersrand[J]. J. Chemical Metallurgical and Mining Society of South Africa, 1951, 52: 119-139.

[139] BENKOVA N P. Spherical Harmonic Analysis of the $S_q$ Variations[J]. Terr.

Mag. Atomos. Elect, 1940, 45: 425.

[140] STANISLAWSKA I, JUCHNIKOWSKI G, CANDER L R. Kriging Method for Instantaneous Mapping at Low and Equatorial Latitudes. Advances in Space Research, 1996, 18(6): 172-176.

[141] STANISLAWSKA I, GULYAEVA T, HANBABA R, et al. COST 251 Recommended Instantaneous Mapping Model of Ionospheric Characteristics-PLSES. Phys. Chem. Earth, 2000, 25(4): 291-294.

[142] HAREL M, WOLF R A, RELF T P H. Quantitative Simulation of a Magnetospheric Substorm[J]. J. Geophys. Res., 1981, 86: 2217-2241.

[143] WEIMER D R. Models of High-latitude Electric Potentials Derived with a Least Error Fit of Spherical Harmonic Coefficients[J]. J. Geophys. Res., 1996, 101: 19595-19607.

[144] JORDANOVA V K, KISTLER L M, KOZYRA J U, et al. Collisional Losses of Ring Current Ions[J]. J. Geophys. Res., 1996, 101: 111-126.

[145] RICHMOND A D, KAMIDE Y. Mapping Electrodynamic Features of the High-latitude Ionosphere from Localized Observations: Technique[J]. J. Geophys. Res., 1988, 93: 5741-5759.

[146] TSYGANENKO N A. A Magnetospheric Magnetic Field Model with a Warped Tail Current Sheet[J]. Planet. Space Sci., 1989, 37: 5-20.

[147] TSYGANENKO N A. Modeling the Dynamics of the Inner Magnetosphere During Strong Geomagnetic Storms[J]. J. Geophys. Res., 2005, 110: A03208.

[148] 杜爱民, 赵旭东, 徐文耀. 地球磁场模型与变化磁场特征[C] // 地球物理环境探测和目标信息获取与处理. 西安: 西安地图出版社, 2008.